高等职业教育"互联网+"新形态一体化教材

数控机床装调与维修

第 2 版

主　编　何四平
副主编　郭湘君　张云秀
参　编　王　健　赵海龙　吕　洋
主　审　张永飞

机械工业出版社

本书以"必需，够用"为原则，围绕数控机床的装调与维修，由浅入深、由简到繁地安排教学内容，以"做中学"的方式帮助学生掌握数控机床机械部分、电气部分以及数控系统的装调和维修知识与技能，特别适合于"教、学、做"一体化教学方案。本书的主要内容有数控机床装调维修基础、机械装调、电气装调、系统装调、机电联调与故障维修，并配有实训报告。

本书可作为高等职业院校数控技术专业、机电设备技术专业及相关专业的教学用书，也可供从事数控加工、机电设备维修等相关工作的技术人员参考。

本书配有电子课件、二维码及相关配套资源，凡使用本书作为教材的教师可登录机械工业出版社教育服务网 www.cmpedu.com，注册后免费下载。咨询邮箱：cmpgaozhi@ sina.com。咨询电话：010-88379375。

图书在版编目（CIP）数据

数控机床装调与维修/何四平主编. —2 版. —北京：机械工业出版社，2023.12

高等职业教育"互联网+"新形态一体化教材

ISBN 978-7-111-74450-4

Ⅰ. ①数… Ⅱ. ①何… Ⅲ. ①数控机床-安装-高等职业教育-教材②数控机床-调试方法-高等职业教育-教材③数控机床-维修-高等职业教育-教材 Ⅳ. ①TG659

中国国家版本馆 CIP 数据核字（2023）第 238419 号

机械工业出版社（北京市百万庄大街 22 号　邮政编码 100037）

策划编辑：刘良超　责任编辑：刘良超

责任校对：李　婷　封面设计：王　旭

责任印制：刘　媛

涿州市京南印刷厂印刷

2024 年 2 月第 2 版第 1 次印刷

184mm×260mm·16 印张·387 千字

标准书号：ISBN 978-7-111-74450-4

定价：49.80 元

电话服务　　　　　　　　　　网络服务

客服电话：010-88361066　　机　工　官　网：www.cmpbook.com

　　　　　010-88379833　　机　工　官　博：weibo.com/cmp1952

　　　　　010-68326294　　金　书　网：www.golden-book.com

封底无防伪标均为盗版　　机工教育服务网：www.cmpedu.com

前言

我国正处在由"制造大国"向"制造强国"的转变时期，数控技术发挥着不可或缺的重要作用，而职业院校则肩负着为社会培养高素质技能型人才的重任。

数控机床是集机、电、气（液）、PLC、传感、CNC系统于一身的高智能化设备，作为零部件制造的母机，其精度和性能的要求都很高。所以，要想掌握好数控机床装调及维修技术，需要知识面广、功底扎实，还要善于在平时的实践中摸索和积累经验。

学好了数控机床安装调试知识，再学习数控机床故障诊断与维修技术，往往会水到渠成，事半功倍。究其原因，是因为数控机床安装调试需要系统全面地了解数控机床结构、原理；掌握各机械部分结构、特性要求；了解电气线路和PLC程序的控制过程，熟悉各功能模块的接口技术。

遵循"数控机床装调与维修"课程的知识结构规律以及综合考虑近些年日趋成熟的技能大赛内容安排，本书以较多篇幅介绍了数控机床机械、电气、系统的结构特性和安装调试技术，这些也是系统地学习数控机床维修技术的必备基础。故障维修是一个技术难点，难在造成相同故障现象的原因可能不尽相同，所以，针对故障维修，只是用有限的篇幅对一些实例进行了分析。同时，本书对前瞻性的技术——智能制造、工业机器人在数控机床上的应用也有所涉及。由于对应课程的实践性较强，一般都采用"教、学、做"一体的实训项目驱动法进行教学。为方便教学组织，本书配有独立成册的实训报告，学校可根据实际情况适当安排实训项目。另外，编者还设计了若干个与本书配套的故障设置文件，使用本书教学的教师可以通过机械工业出版社教育服务网下载使用。党的二十大报告指出，"推进教育数字化，建设全民终身学习的学习型社会、学习型大国。"为响应党的二十大精神，本书制作了视频资源，以二维码形式放置于相应知识点处，学生手机扫码即可观看相应资源，丰富了教学手段，有利于信息化教学。

本书由何四平担任主编并统稿，其中第1章由王健、赵海龙编写；第2章由何四平、赵海龙编写；第3章由郭湘君编写；第4章由何四平编写；第5章由张云秀编写；第6章由吕洋、郭湘君、何四平编写；实训报告由何四平、郭湘君、赵海龙编写；张永飞担任本书主审，对书稿提出了宝贵意见。本书在编写过程中，得到了浙江亚龙教育装备股份有限公司的大力支持，在此一并致谢。

限于编者水平和专业视角的局限性，书中错漏之处在所难免，敬请广大读者批评指正！

编　者

二维码索引

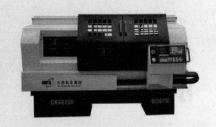

目录

第1章

数控机床装调维修基础

【本章内容及学习目的】 从数控机床装调维修角度来看，学生在系统地学习了数控机床结构原理、数控机床操作编程等知识的基础上，还需要掌握数控机床的种类、组成、工作原理等方面的基础知识，为后面学习数控机床装调维修储备必要的基本常识，并应了解数控机床基本功能的使用方法，为独立从事数控机床装调维修工作奠定基础。本章的内容对学生学习数控机床装调维修起着承前启后的作用。

因发现青蒿素而获得诺贝尔医学奖的屠呦呦，几十年如一日地扎根基础研究，耐得住寂寞，才获得了如此杰出的成就，并被授予共和国勋章。我们要学习屠呦呦这种持之以恒的精神，努力掌握高端数控设备的应用技术，为国家建设做贡献。

1.1 数控机床概述

1.1.1 数控机床的种类

1. 按工艺用途分类

（1）普通数控机床 普通数控机床是工艺性能与传统的通用机床相似的数控机床，包括数控车床、数控铣床、数控刨床、数控镗床、数控钻床及数控磨床等。其中，数控车床除了可以完成普通车床所能加工的表面外，还能加工圆弧面；数控铣床除了可以加工普通铣床所能加工的表面外，还能加工空间曲面。这些数控机床在普通机床的基础上扩大了加工范围，这也是其应用广泛的一个原因。

图1-1所示为卧式数控车床，图1-2所示为立式加工中心。

图1-1 卧式数控车床

图1-2 立式加工中心

（2）数控加工中心 数控加工中心又称多工序数控机床，它是带有刀库和自动换刀装置的数控机床。工件一次装夹后，能实现多种工艺、多道工序的集中加工，减少了装卸工件、调整刀具及测量的辅助时间，提高了机床的生产率；同时减小了工件因多次装夹所带来的定位误差。近年来，数控加工中心的发展速度非常快。

典型的数控加工中心有镗铣加工中心、钻铣加工中心和车铣加工中心等，由于钻铣加工中心使用较为广泛，所以行业习惯简称钻铣加工中心为"加工中心"。

（3）多坐标数控机床 数控机床的坐标数是指数控机床能进行数字控制的坐标轴数。如图1-3a所示，若X轴和Z轴能实现数字控制，则称其为两坐标数控机床；如图1-3b所示，若X轴、Y轴和Z轴能实现数字控制，则称其为三坐标数控机床。

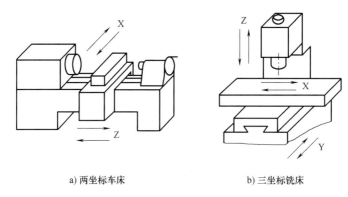

a) 两坐标车床   b) 三坐标铣床

图1-3 多坐标数控机床

能实现三个或三个以上坐标轴数联动的数控机床称为多坐标数控机床，它能加工形状复杂的零件，常见的多坐标数控机床一般为4~6个坐标。图1-4a所示为三坐标数控铣床的两坐标联动平面轮廓加工，图1-4b所示为三坐标数控铣床的三坐标联动空间曲面加工。

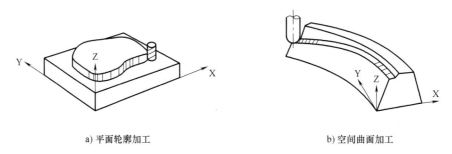

a) 平面轮廓加工   b) 空间曲面加工

图1-4 三坐标数控铣床的加工方式

（4）特种加工数控机床 特种加工数控机床是指利用电脉冲、激光和高压水流等非传统切削手段进行加工的数控机床，如数控电火花加工机床、数控线切割机床和数控激光切割机床等。

2. 按伺服系统分类

（1）开环控制系统 如图1-5所示，数控系统发出的指令信号经驱动电路放大后，驱使步进电动机旋转一定角度，再经传动部分带着工作台移动。它的指令值发送出去后，控制移动部件到达的实际位置值没有反馈，也就是说，系统没有位置检测反馈装置。开环控制系统的数控机床结构简单、调试和维修方便、成本低，但加工精度低。

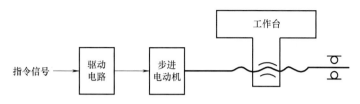

图1-5 开环控制系统示意图

（2）闭环控制系统 如图1-6所示，数控系统发出指令信号后，控制实际进给的速度量和位移量，经过速度检测元件A及直线位移检测元件C的检测，反馈到速度控制电路和位置比较电路，并与指令值进行比较，然后用差值控制进给，直到差值为零。这类系统装有检测反馈装置，且位置检测装置在控制终端（工作台），所以，闭环控制系统的数控机床加工精度高，但结构复杂、调试和维修困难、成本高。

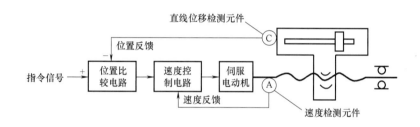

图1-6 闭环控制系统示意图

（3）半闭环控制系统 如图1-7所示，这类系统也装有检测反馈装置，它和闭环控制系统的区别是位置检测装置采用角位移检测元件，且安放在伺服电动机轴或传动丝杠的端部，丝杠到工作台的传动误差不在反馈控制范围之内，所以，采用半闭环控制系统的数控机床，其性能介于开环和闭环之间，精度比开环高，但调试、维修比闭环简单。

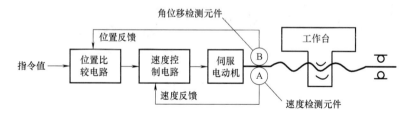

图1-7 半闭环控制系统示意图

1.1.2 数控机床的构成及作用

无论何种类型的数控机床，都是由输入输出设备、数控装置、伺服系统、受控设备及辅助装置等几部分组成的。

1. 输入输出设备

早期的数控机床只有键盘、发光二极管显示器、纸带阅读机、磁带（磁盘）输入机、控制面板；现代数控机床的控制面板包括显示器、MDI 键盘（执行 NC 数据的输入/输出）和机床操作面板（执行机床的手动操作，其上面的按钮/旋钮输入信号及显示灯的输出信号都由 PLC 程序来控制）如图 1-8 所示。为了方便操作人员操作，一般都将数控机床的数控装置与控制面板设计成分离式的；高级的还配有自动编程机或 CAD/CAM 系统。

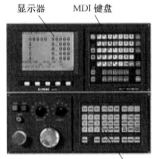

图 1-8　控制面板

输入输出设备的作用是将零件程序和加工信息送入数控装置中。

2. 数控装置

数控装置是数控机床的核心部分，它一般由专用计算机（包括硬件和软件）、输入输出接口及可编程序控制器等组成。

由于数控机床的自动化程度高，功能复杂，需要完成的任务较多，且实时处理的快速响应能力要求较强，所以，一般数控装置中有两个处理模块，即 NC 和 PMC（机床上专用的 PLC），数控加工程序中不同的信息由不同的模块来处理。

数控装置的作用是完成输入信息的存储、数据转换、插补运算和实现各种控制。

不同系统的生产厂家，其数控装置的工作原理一样，基本结构大同小异（接口大多不一样），但因为控制软件的编写思路不同，所以产品的使用方法区别较大，要严格按照厂家的使用说明书进行操作。图 1-9a 所示为 FANUC 系统的数控装置，图 1-9b 所示为 SINUMER-IK 系统的数控装置。

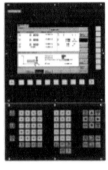

a) FANUC 系统装置　　　　　　　　　　　b) SINUMERIK 系统装置

图 1-9　数控装置

3. 伺服系统

伺服系统是数控机床的执行机构，它包括伺服控制线路、功率放大线路、伺服电动机、速度及位置检测装置。

图 1-10a 所示为 FANUC 系统专用的伺服驱动器和伺服电动机（因为其接口专用，且 FSSB 信号使用的是光缆线，所以与其他系统有根本上的区别）；图 1-10b 所示为通用的伺服驱动器和伺服电动机。需要注意的是，伺服电动机尾部的旋转式编码器与电动机轴连接在一起，编码器结构复杂、精度高，且脆弱易损，故在拆装过程中不可重击。

数控机床的伺服系统主要有两种：一种是进给伺服系统，它控制切削进给运动；另一种

a) FANUC 系统专用型　　　　　　　　　　　　　　　b) 通用型

图 1-10　伺服驱动器及伺服电动机

是主轴伺服系统，它控制主轴的切削运动。简易的数控机床一般没有主轴伺服系统。

伺服系统的作用是把来自数控装置的指令值信号转变为执行机构的位移。例如，数控车床的径向（轴向）尺寸，是由 X 轴方向（Z 轴方向）的伺服电动机接收数控装置及相应处理电路发送的脉冲信号后，驱动中拖板（大拖板），从而带动刀架和车刀，实现径向（轴向）切削运动的。

4. 受控设备

受控设备是被控制的对象，是数控机床的本体部分，它包括主运动部件、进给运动部件和支承部件，以及冷却、润滑和夹紧装置等机械部分。

图 1-11 所示为三轴卧式数控铣床的本体部分。

数控机床的加工精度在一定程度上是由其机械部分的精度决定的，如主轴的径向圆跳动和轴向圆跳动、移动轴导轨的直线度、主轴轴线和移动轴导轨的平行度（垂直度）、移动轴之间的垂直度等。

受控设备的作用是完成角度和直线位移；完成换刀和各类开关量控制的动作；最终实现切削加工运动及各种辅助动作。

图 1-11　三轴卧式数控铣床的本体部分

1.1.3　数控机床坐标轴及坐标系原点的规定

1. 数控机床坐标轴定义原则

1）确定工件坐标系时，无论机床的主运动和进给运动是如何复合的，一律假定刀具相对于静止的工件而运动。

2）直角坐标系遵守右手笛卡儿坐标系法则，即让右手的大拇指、食指、中指互成 90°角，它们的指向依次分别表示 X、Y、Z 轴移动的正方向，且它们都表示刀具远离工件，使工件尺寸增大的方向，如图 1-12 所示。

3）旋转坐标系按右手螺旋法则来确定。如图 1-12 所示，右手分别握着 X、Y、Z 轴，让大拇指指向它们的正方向，则其余四指的旋转方向即为对应的+A、+B、+C。

4）一般都把 Z 方向指定为平行于主轴的方向，但具体的规定还应参照所使用数控机床

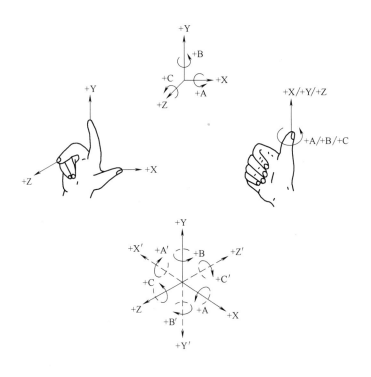

图 1-12 数控机床坐标系的确定法则

的使用说明书。

2. 数控机床坐标系原点的规定

数控机床的坐标系统是数控机床上固有的，由生产厂家设置好的坐标系，它是确定加工过程中刀具与工件位置关系的中间桥梁，一般选取机床上一些固定不变的基准线或基准面，如主轴轴线、工作台的工作表面、主轴端面、工作台侧面等作为坐标轴。机床原点又称机械原点，进给轴编码器如果是增量式，就通过挡块来设定；进给轴编码器如果是绝对式，就通过系统来设定对应的机械位置作为它的原点。

1.1.4 数控机床的加工原理

1. 数控机床加工以及信息处理过程

（1）加工程序输入　按输入过程不同，可分为 NC 工作方式和存储器工作方式。

1）NC 工作方式。它是一边输入程序一边运行程序，早期数控机床通过纸带阅读机输入程序来控制加工的方式，就是 NC 工作方式。

2）存储器工作方式。即一次性输入程序并保存在 NC 存储器内，加工时，再从存储器中逐个调用程序段，该方式应用较多。对于较简单的加工程序，一般通过显示器操作面板上面的键盘以手工的方式直接把程序输入数控装置中；对于在编程机上自动编制的、复杂的加工程序，一般通过通信接口从编程机上传入数控装置，或用软盘复制到数控装置中。

（2）译码处理　通过译码程序把输入的加工程序代码转化成计算机能识别处理的信息代码。

（3）刀具补偿　刀具补偿的作用就是把零件轮廓轨迹转化成刀位点的轨迹。它一般包括长度（形状）补偿和半径补偿等。

（4）进给速度处理　NC 的进给速度处理程序就是把编程速度分解成各坐标轴上的分速度。如图 1-13 所示，编程速度为 F，分别沿 X 轴和 Y 轴分解得到 X 轴的分速度为 F_X，Y 轴的分速度为 F_Y，数控机床进行控制时，用这些分速度作为依据，计算出应发送给各轴进给驱动电动机的脉冲输出频率 f，来控制各轴驱动电动机的进给。

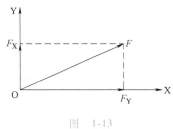

图 1-13

分速度与脉冲输出频率的关系式如下

$$f = \frac{F_{X(Y)}}{60\delta}$$

式中　f——某个进给轴的脉冲输出频率，单位为 Hz；

　　　F——坐标轴上的速度分量，单位为 mm/min；

　　　δ——脉冲当量，单位为 mm。

（5）插补计算　插补计算是在已知曲线的种类、起点、终点及进给速度的前提下，在曲线的起点、终点之间进行"数据点密化"的求值过程，它是数控系统的核心工作。

（6）位置控制　采用闭环控制系统的数控机床需要比较插补计算的指令位置和实际反馈位置，用差值去控制伺服电动机进给。

2. 控制的信号类型

加工时需要输入的信息很多，可将它们分为两类。

（1）各坐标轴的位移、速度等实时高速信息　如准备功能 G 指令、进给速度 F 指令、坐标位置指令以及圆弧半径指令等，这类轴控制信号由 NC 处理后，发送给伺服驱动器，再由驱动器控制伺服电动机按要求进给，它不经过 PMC 处理。

进给功能 F 表示进给速度，其单位一般为 mm/min，当进给速度与主轴转速有关时，单位为 mm/r，通常用 F 后面加数字表示，其数值有的代表具体进给数值，有的代表某种进给速度的编码号。进给速度的表示方法一般随数控装置的不同而有所不同。

G 指令的作用是指定数控机床的加工方式，为数控装置的插补运算、刀补运算、固定循环等做好准备。G 指令由字母 G 和其后的两位数字组成，从 G00~G99 共 100 种，G 指令的功能见表 1-1。

（2）M、S、T 功能等低速离散型信息　这类信息一般由可编程存控制器（PLC）及强电继电器完成对其的顺序控制。

主轴速度功能 S 表示主轴转速或速度，单位为 r/min 或 m/min，其后的数字有的表示具体转速值，有的表示某种转速的代码，具体表示方法随数控装置的不同而不同。

刀具功能 T 表示所要选择的刀具号和刀补号，在字母 T 后加两位或四位数字表示。其后加两位数字时，前面一位表示刀具号，后面一位表示刀具补偿号；其后加四位数字时，前两位表示刀具号，后两位表示刀具补偿号。

M 指令是机床加工的工艺性指令（如主轴的正反转、切削液的开关等）。一个程序段中只能指定一个 M 代码，它由字母 M 和其后的两位数字组成，从 M00~M99 共 100 种，见表 1-2。

表 1-1　准备功能 G 代码

代码	组别	续效	功能	代码	组别	续效	功能
G00	a	√	快速点定位	G50	# (d)	#	刀具偏置 0/-
G01	a	√	直线插补	G51	# (d)	#	刀具偏置 +/0
G02	a	√	顺时针方向圆弧插补	G52	# (d)	#	刀具偏置 -/0
G03	a	√	逆时针方向圆弧插补	G53	f	√	直线偏移,取消
G04		*	暂停	G54	f	√	直线偏移 X
G05	#	#	不指定	G55	f	√	直线偏移 Y
G06	a	√	抛物线插补	G56	f	√	直线偏移 Z
G07	#	#	不指定	G57	f	√	直线偏移 XY
G08		*	加速	G58	f	√	直线偏移 XZ
G09		*	减速	G59	f	√	直线偏移 YZ
G10～G16	#	#	不指定	G60	h	√	准确定位 1(精)
G17	c	√	XY 平面选择	G61	h	√	准确定位 2(中)
G18	c	√	ZX 平面选择	G62	h	√	快速定位(粗)
G19	c	√	YZ 平面选择	G63		*	攻螺纹
G20～G32	#	#	不指定	G64～G67	#	#	不指定
C33	a	√	螺纹切削,等螺距	G68	# (d)	#	刀具偏置,内角
G34	a	√	螺纹切削,增螺距	G69	# (d)	#	刀具偏置,外角
G35	a	√	螺纹切削,减螺距	G70～G79	#	#	不指定
G36～G39	#	#	永不指定	G80	e	√	固定循环注销
G40	d	√	刀具补偿/偏置取消	G81～G89	e	√	固定循环
G41	d	√	刀具补偿-左	G90	j	√	绝对尺寸
G42	d	√	刀具补偿-右	G91	j	√	增量尺寸
G43	# (d)	#	刀具偏置-正	G92		*	预置寄存
G44	# (d)	#	刀具偏置-负	G93	k	√	时间倒数,进给率
G45	# (d)	#	刀具偏置 +/+	G94	k	√	每分钟进给
G46	# (d)	#	刀具偏置 +/-	G95	k	√	主轴每转进给
G47	# (d)	#	刀具偏置 -/-	G96	i	√	恒线速度
G48	# (d)	#	刀具偏置 -/+	G97	i	√	每分钟转速(主轴)
G49	# (d)	#	刀具偏置 0/+	G98～G99	#	#	不指定

注：1. "√"表示为模态代码,在同组其他代码出现以前一直续效。

　　2. "＊"表示该功能仅在所出现的程序段内有效。

　　3. "#"表示如选作特殊用途,则必须在程序格式的解释中加以说明。

　　4. "永不指定"的代码,将来也不指定。

　　5. 组别栏中的"(d)"标记,表示该代码可以被带括号的(d)组代码所代替或注销,也可以被不带括号的 d 组代码所代替或注销。

表 1-2 辅助功能 M 代码

代码	功能与程序段运动同时开始	功能在程序段运动完后开始	功能	代码	功能与程序段运动同时开始	功能在程序段运动完后开始	功能
M00		*	程序停止	M36	*		进给范围 1
M01		*	计划停止	M37	*		进给范围 2
M02		*	程序结束	M38	*		主轴速度范围 1
M03	*		主轴顺时针方向旋转	M39	*		主轴速度范围 2
M04	*		主轴逆时针方向旋转	M40 ~ M45	#	#	不指定或齿轮换挡
M05		*	主轴停止	M46 ~ M47	#	#	不指定
M06	#	#	换刀	M48		*	注销 M49
M07	*		2 号切削液开	M49	*		进给率修正旁路
M08	*		1 号切削液开	M50	*		3 号切削液开
M09		*	切削液关	M51	*		4 号切削液开
M10	#	#	夹紧	M52 ~ M54	#	#	不指定
M11	#	#	松开	M55	*		刀具直线位移,位置 1
M12	#	#	不指定	M56	*		刀具直线位移,位置 2
M13	*		主轴顺时针方向旋转、切削液开	M57 ~ M59	#	#	不指定
M14	*		主轴逆时针方向旋转、切削液开	M60		*	更换工件
M15	*		正运动	M61	*		工件直线位移,位置 1
M16	*		负运动	M62	*		工件直线位移,位置 2
M17 ~ M18	#	#	不指定	M63 ~ M70	#	#	不指定
M19		*	主轴定向停止	M71	*		工件角位移,位置 1
M20 ~ M29	#	#	永不指定	M72	*		工件角位移,位置 2
M30		*	程序结束	M73 ~ M89	#	#	不指定
M31	#	#	互锁旁路	M90 ~ M99	#	#	永不指定
M32 ~ M35	#	#	不指定				

注:1. "#"表示若选作特殊用途,则必须在程序格式的解释中加以说明。

2. "＊"表示对该具体情况起作用。

3. "不指定"的代码,在将来可能对它规定功能。

4. "永不指定"的代码,将来也不指定。

1.1.5 数控机床的功能

数控机床作为自动化程度非常高的机械制造设备,其功能丰富,需要通过相应的资料(如《数控机床操作与编程》等)进行系统的学习。

1. 数控机床的基本功能

数控机床必须具备的基本功能有控制功能、插补准备功能、进给功能、回零功能、刀具功能、主轴功能、辅助功能、字符显示功能和自诊断功能。

2. 数控机床的选择功能

数控机床生产厂家根据客户的需求,提供一些可定制的选择功能,如补偿功能、固定循环功能、图形模拟功能、通信功能及人机对话编程功能等。

1.1.6 基本功能操作

考虑到后面安装调试与维修内容实例所采用的是 FANUC 0i D 数控系统，所以，下面就以该系统为例，介绍一些常用的基本功能。

值得注意的是，具体的使用方法必须按照所使用数控机床生产厂商提供的说明书进行。

操作数控机床的第一步是选择工作方式。数控机床的工作方式有两种形式：一种是采用表 1-4 中所列的按钮形式，标准操作面板就是采用相应的按钮；有些数控机床生产厂家在自己设计制作操作面板时，为了减少按钮占用操作面板的使用面积，使用波段开关的旋钮来控制工作方式，如图 1-14 所示。这两种形式工作方式的 PMC 控制程序区别较大。

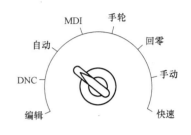

图 1-14 工作方式旋钮

下面就以工作方式旋钮为例来介绍数控机床的操作。

将工作方式旋钮旋转到需要的工作方式位置，即可进行下一步操作。

1. 工作方式

（1）DNC 方式 选择该方式时，数控机床可以通过专用接口读取外围设备上的程序，同时进行加工，它主要用来解决 CAM 软件设计出来的复杂程序。

1）按所使用外围设备的路径通道设定 20 号参数（通过 RS232 的 JD36A 口时，设定为"0"或"1"；通过 RS232 的 JD36B 口时，设定为"2"；通过存储卡口时，设定为"4"）。

2）旋转工作方式旋钮至"DNC"位置。

3）按 NC 键盘上的"PRGRM"键，选取外围设备上的程序。

4）在确保刀具、工件准备工作到位后，按循环启动键运行程序。

（2）编辑方式

1）旋转工作方式旋钮至"编辑"位置。

2）将程序保护开关置为无效（OFF）。

3）按 MDI 面板上的"PRGRM"键，即可通过显示屏编辑需要输入的程序指令。

编辑程序时所使用的 MDI 按键见表 1-3。

表 1-3 MDI 按键

序号	按键名称	作用
1	插入键 INSERT	该键可把输入缓冲器的数据插入到光标后面所在的位置
2	替换键 ALTER	该键可把输入缓冲器的数据替换到光标所在的位置

（续）

序号	按键名称		作用
3	删除键	DELETE	该键可把已编辑好的、光标所在位置后面的数据删除掉
4	取消键	CAN	该键取消已键入至缓冲器（还未输入到程序存储器）内容的最后一个字符或符号
5	输入键	INPUT	按下地址键或数字键后,数据被输入缓冲器,并在显示器屏幕上显示出来。为了把缓冲器中的数据复制到寄存器中,按"INPUT"键。这个键相当于软键的"INPUT"键,此两键的执行结果一样
6	功能键	POS	该键显示位置画面
7	功能键	PROG	该键显示程序画面
8	功能键	OFS/SET	该键显示刀偏/设定"SETTING"画面
9	功能键	SYSTEM	该键显示系统画面
10	功能键	MESSAGE	该键显示报警等信息画面
11	功能键	CSTM/GR	该键显示用户宏画面（会话式宏画面）或显示图形画面
12	帮助键	HELP	该键用来显示如何操作机床,如 MDI 键的操作。它可在 CNC 发生报警时,提供报警的详细信息（帮助功能）

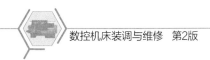

（续）

序号	按键名称	作用
13	复位键 RESET	该键可使 CNC 复位,消除报警
14	软键	软键功能显示在显示器屏幕的底部。根据其使用场合菜单的变化,软键的功能也会随着变化,故称为软键

（3）自动方式　该方式又叫存储器工作方式。

1）在编辑方式下，选择需要运行的程序。

2）旋转工作方式旋钮至"自动"位置。

3）在确保刀具、工件准备工作到位后，按循环启动键运行程序。

（4）MDI 运行　该方式与自动方式都使用数控指令来控制机床运行，两者的区别是自动方式运行后程序指令保留在存储器中；而 MDI 方式运行后，指令不再保留，但该方式不用输入程序名及程序结束语句，操作相对简单，非常适用于单一的功能调试。

1）旋转工作方式旋钮至"MDI"位置。

2）按屏幕下方的"MDI"软键，进入 MDI 画面，输入所要运行的功能指令，如"M03 S500;"。

3）按循环启动键运行即可。

（5）手轮方式

1）旋转工作方式旋钮至"手轮"位置。

2）选择进给轴（X、Y 或 Z）及倍率（×1、×10 或×100）。

3）旋转如图 1-15 所示手轮，旋向决定进给轴的"+"或"−"方向。

为了提示操作人员注意，有些数控机床的 PLC 程序编写了手轮方式屏幕报警显示（此时无红灯报警，可正常工作）。

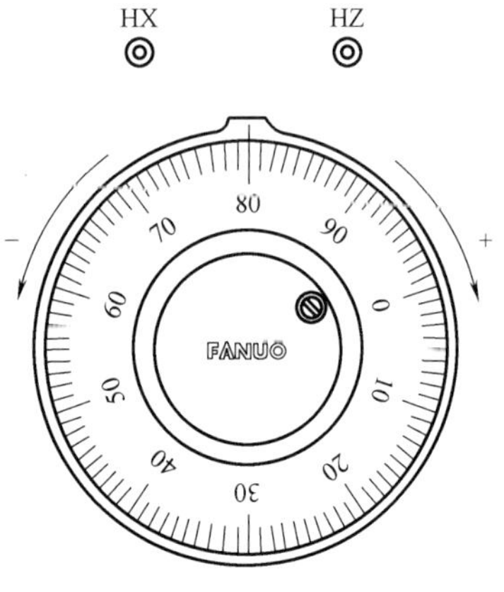

（6）回参考点方式　参考点又叫零点，还称为机床坐标系的原点，该点位置很重要，数控机床工作时都以该位置为参照点，其在调试好后不能随意改变，否则易发生意外。所以，数控机床开机后，一般都进行回零操作以检查零点位置是否正常。

图 1-15　手轮

1）旋转工作方式旋钮至"回零"位置。

2）按图 1-16 所示的连续进给按钮"+X""+Y"及"+Z"，使各坐标轴移动至零点（显示屏显示位置）即可，同时零点指示灯亮起。

操作时要注意防止发生意外碰撞，数控车床最好先让 X 轴回零，以免刀具碰撞尾座。

（7）手动 JOG 方式　在该方式下按图 1-16 所示的连续进给按钮，可以控制数控机床进给轴向所选择的方向移动，手动进给切削一般都采用该方式。

1) 旋转工作方式旋钮至"手动JOG"位置。

2) 根据需求按连续进给按钮即可。

（8）快速移动方式 在没有负载和移动距离较大的情况下，可选择快速移动方式，它的移动速度由 NC 参数决定。

1) 旋转工作方式旋钮至"快速移动"位置。

2) 根据需求按连续进给按钮即可。

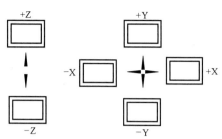

图 1-16 连续进给按钮

2. 数控机床基本操作方法及步骤

下面以 FANUC 0i D 系统数控车床操作面板为例，分别介绍机床各按钮的功能，见表 1-4。

表 1-4 操作面板上各按钮的功能

序号	按钮符号	说明	序号	按钮符号	说明
1		EDIT 程序编辑方式	12		主轴反转
2		DNC 运行方式	13		主轴停止
3		AUTO 自动运行方式	14		机床锁住
4		MDI 方式	15		空运行方式
5		返回参考点方式	16		跳步方式
6		JOG 进给方式	17		单段执行方式
7		步进给方式	18		M01 计划停止
8		手轮进给方式	19	＋ －	手动移动轴方向
9		循环启动	20		快速进给
10		循环暂停	21	×1/10 /100	手轮进给倍率
11		主轴正转	22		程序重新启动

（1）强电开关 合上机床强电开关，如有气动部分，则还应同时打开气源。

（2）电源按钮 按图1-17所示CNC电源按钮"ON"（一般为绿色），起动数控机床。关机时相反，先关弱电，按CNC电源按钮"OFF"（一般为红色），再关强电。

（3）循环（程序）启动按钮（START） 如表1-4中的"9"所示。

（4）循环（程序）暂停按钮（HOLD） 如表1-4中的"10"所示。

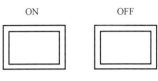

图1-17 CNC电源开关

1）在一定条件下，按下循环启动按钮，机床可自动运行程序。

2）在自动运行程序时，按下循环暂停按钮10，机床随即处于暂停状态。

3）欲在暂停状态是重新起动机床运行程序，只需再按一下循环启动按钮9即可。

（5）紧急停止按钮（EMERGENCY STOP） 急停按钮如图1-18所示。

1）在任何情况下，按下紧急停止按钮，机床和CNC装置随即处于急停状态，与此同时屏幕上出现"准备不足"报警。

2）要消除此急停状态，顺着图1-18所示按钮上箭头所指方向旋转按钮，使按钮弹起即可。

急停按钮是当数控机床出现紧急情况时，让机床停止正在运行的所有功能而设定的，它的接线和PMC编程在机床调试中的位置都很重要。根据急停按钮在机床中的使用特点，还有需要利用急停直接控制驱动器MCC回路和串联轴限位，急停控制回路必须接在其常闭触点上。

图1-18 急停按钮

（6）程序保护锁（PROGRAM PROTECT） 程序保护锁是机床操作人员为了防止他人随意修改已经调试好的加工程序而使用的。当图1-19所示程序保护锁处于开的位置，且模式选择开关处于"EDIT"状态时，能对加工程序进行编辑；当此锁处于关的位置时，不能编辑加工程序。

每个程序保护锁都有对应的钥匙，使用时，把钥匙插入对应程序保护锁的扎眼里即可旋转使用。钥匙开锁机械结构与家用锁无异，锁芯旋转时，带动后面触点进行信号的通断控制。

PROGRAM PROTECT

图1-19 程序保护锁

（7）进给速率旋钮 在程序试切过程中，通过此旋钮，可以对程序中考虑不周的进给速度随机进行调整，以及对手动进给切削速度进行控制，可通过旋转如图1-20所示的进给速率旋钮，对X、Y、Z轴的进给速率在0~150%的范围内进行调节。车削螺纹或刚性攻螺纹时，进给速率选定为100%。

（8）主轴转速倍率旋钮 数控机床的主轴旋转时，通过如图1-21所示的主轴转速倍率旋钮，可对主轴的转速在50%~120%的倍率范围内进行调速。

（9）主轴正转、反转、停止控制按钮 主轴正转、反转、停止控制按钮如表1-4中的11、12、13所示。

当工作方式选择开关切换到"手轮""JOG进给""快速进给""返回参考点"几种方式中的任意一种时，可按下主轴正转、主轴反转、主轴停控制键来控制主轴的状态。但在正、反转之间直接进行变换时，中间必须经过停状态。

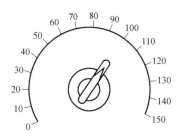

图 1-20　进给速率旋钮

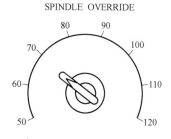

图 1-21　主轴转速倍率旋钮

（10）机床锁住按钮　机床锁住按钮如表 1-4 中的 14 所示。

按下机床锁住按钮时，可以在机床不动的情况下试运行程序，该按钮的作用主要是通过图形模拟演示程序来检查编写的加工程序是否有路径错误，此时显示器屏幕上显示程序中坐标值的变化。

说明：按下该按钮时，灯亮，有效；再按一下该按钮，灯灭，复位。

（11）空运行按钮　空运行按钮如表 1-4 中 15 所示。

机床在"MDI"和"AUTO"状态下运行时，如果空运行按钮被按下，则程序中给定的进给速度 F 值无效，实际进给速度见表 1-5。

表 1-5　实际进给速度

空运行	快速移动	切削速度
ON	手动快速移动	手动进给速率
OFF	G00 快速移动	G01 进给速率

说明：

1）快速移动速度和手动进给速度的速率随倍率开关的调整而变化。

2）按下空运行按钮时，灯亮，有效；再按一下该按钮，灯灭，复位。

（12）程序跳步按钮　程序跳步按钮如表 1-4 中的 16 所示。

1）在自动方式和 MDI 方式下执行加工程序，按下程序跳步按钮时，程序中带有"/"符号的程序段将不被执行，此条语句无效。

2）再按一下程序跳步按钮，功能复位后，程序中所有程序段（包括带有"/"符号的程序段）都将被执行。

说明：按下程序跳步按钮时，灯亮，有效；再按一下该按钮，灯灭，复位。

（13）单段运行按钮　单段运行按钮如表 1-4 中的 17 所示。

1）当单段运行按钮被按下时，按一下循环启动按钮，机床执行一条语句的动作，执行完毕后停止。再按一下循环启动按钮，又执行下一条语句的动作，如此反复进行，直至程序运行结束。

2）再按一下单段运行按钮使其复位后，按一下循环启动按钮，机床将连续地自动执行

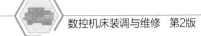

整个加工程序。

说明：按下单段运行按钮时，灯亮，有效；再按一下该按钮，灯灭，复位。

（14）M01 计划停止按钮　M01 是有条件的程序暂停指令，M01 计划停止按钮如表 1-4 中的 18 所示。

1）M01 计划停止按钮被按下后，在程序执行到 M01 指令时，机床暂停执行程序；再按一下循环启动按钮，机床又继续执行程序。

2）当 M01 计划停止按钮复位后，在程序执行到 M01 指令时，机床不停止，而是继续自动运行程序。

说明：按下 M01 计划停止按钮时，灯亮，有效；再按一下该按钮，灯灭，复位。

（15）限位释放开关　在机床运行过程中，当因为没注意使移动部件超过进给轴设定的限位而导致机床出现超程报警时，可在按下限位释放开关的同时，操作手动进给方向控制按钮，使进给轴向着相反的方向移动，即可消除此情况。

1.2　数控机床装调与维修的基本思路

数控机床装调针对的用户不同，其基本方法和思路会有所差异。因为机床生产厂家进行的装调工作都是从零开始的，除了完成现有的工作任务外，还要考虑用户使用和维修机床过程中需要装调时如何能够方便快捷的后续问题。譬如，机床生产厂家对有些已经装调好的重要机械位置打定位销，其目的就是方便用户后面的工作。

1.2.1　机床生产厂家进行数控机床装调的基本思路

机床生产厂家进行数控机床装调工作是为了生产机床设备而安排的，需要装调的数控机床是批量的，需要有成熟的工艺路线、省时省力的专用工装和检具，其基本思路和步骤如下：

1）机械部分是从零件装配成部件，再从部件组装成整机。

2）电气部分是从线槽、电（气）路、元器件的安装，到整个配电柜及整机电路的安装。

3）系统部分是从整体数据的复制，再到个别数据的机电联调。

1.2.2　机床用户进行数控机床装调的基本思路

机床用户进行数控机床装调是为了维修设备（有少量设备搬迁的情况），只有在维修过程中，才需要对数控机床某个零部件或机床整体进行装调，所以其装调工作还包括拆卸。另外，这种情况下一般都是对单台数控机床进行装调，工艺路线以要求正确为主，所使用的工装和检具以通用为好，其基本思路和步骤如下：

1）对维修过程中需要关联的部分进行拆解，先电气部分后机械部分。

2）对故障部位进行维修后，把拆解下来的零部件按与拆解相反的顺序组装上，先机械部分后电气部分。

3）系统调试以个别数据为主。

本书后面主要以机床用户装调内容为主，介绍数控机床装调知识。

1.2.3 数控机床维修的基本思路

数控机床维修是在数控机床使用功能出现故障的情况下，针对某个具体故障点而进行的功能恢复工作。对于数控机床维修，不管是机床生产厂家，还是机床用户，它们面对的情况和追求的目标一样，所以，它们进行数控机床维修的基本思路也一样。

1. 了解故障现象

清楚地了解故障现象。故障现象主要有能看到的报警信息和运行状况等；能闻到烧焦的异味；能向操作人员询问到的，出现故障时机床的情况；能听到的异常噪声；能摸到的不平常的振动和发热，以及能通过仪表检测到的不正常数值。

2. 分析故障原因

由于数控机床结构复杂，造成其出现故障的原因一般也很复杂，所以当数控机床出现故障时，要想正确地分析出故障原因，就要对该功能的控制机理、整个环节有清晰的认识和了解，这样才能做到没有遗漏地梳理分析，保证最后能正确分析出造成故障的原因。

3. 查找故障部位

经过系列故障分析，查找出具体的故障部位。查找故障部位时，具体方法应根据掌握的具体情况而定，如测量法、部件替换法、线路短接法、参数试验法等，一旦查找出故障部位，就可研究并确定维修方案。

4. 进行维修准备

1）维修方案准备。

2）数据资料准备。

3）维修方案中涉及的工量具，包括设计制作一些要用到的专用工夹具。

5. 故障恢复

1）对损坏的机械零部件进行修复或重新制作，如果是通用零部件应尽可能购买，具体应选择成本相对较低的方案。

2）对有问题的电气线路进行修复，对于损坏的元器件，应根据成本决定是修复还是换新。

3）当出现问题的系统数据不多时，可以采用逐个修复的办法；如是问题数据太多，可以使用手中的备份进行整体数据恢复（如果没有提前备份，可联系机床生产厂家索取），这样做既省时又省力。

6. 功能试运行

为了保障前面的维修工作能彻底到位地完成，需要对机床功能（特别要关注维修过的功能）进行测试运行，这样做一是可及时发现维修过程中不小心损伤到的其他功能；二是可防止维修好的故障重新出现。

1.3 思考题

1. 机床坐标系原点一般设置在哪里比较合适？

2. 数控机床的选择功能有哪些？应如何进行安装调试？

第2章

机械装调

【本章内容及学习目的】认识和了解数控机床机械部分的构成、特点和要求；学习进给轴传动部分、主轴传动部分、电动刀架的拆卸和安装调试的工艺方法；掌握数控机床需要调试的几种几何精度的调试方法和步骤；熟悉直线导轨、滚珠丝杠安装调试的方法和技巧；了解并学会使用数控机床装调所需要的各种通用和专用工具。通过学习本章，学生应能达到"拆卸前心中有数，装调后使用无误"的效果。

机械装调需要在理解的基础上摸索经验，讲究"慢工出细活"。就像成功攻克运载火箭发动机焊接难题的"大国工匠"高凤林，除了在工作中不断总结经验，日常生活中也在时刻苦练技术，甚至连吃饭时都在用筷子模拟练习走丝技巧，这才成就了他超群的技艺。

2.1 数控机床机械结构分析

数控机床机械结构大体分为五部分，如图 2-1 所示。

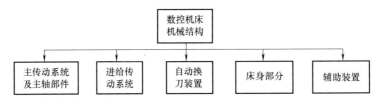

图 2-1 数控机床机械结构

2.1.1 数控机床机械结构特点

1. 大功率、高刚度及高抗振性

数控机床的主运动通常采用交流或直流电动机拖动，转速高、功率大、速度变换迅速可靠。大功率、重切削是数控机床的显著特点，也是其发展的一个方向。

数控机床的刚度是指机床在切削载荷的作用下抵抗变形的能力，它直接关系到数控机床的切削能力和加工精度，一般要求数控机床的刚度比普通机床高 50% 以上；抗振性是指机床工作时抵抗由交变载荷和冲击载荷引起振动的能力，工序集中才能提高经济效益，市场要求数控机床能适应复杂的毛坯条件，高抗振性也是数控机床追求的指标之一。

2. 使用摩擦因数小的结构部件

相同条件下，提高数控机床效率的有效手段是降低机械运动副之间的摩擦因数。数控机床一般采用滚动导轨、卸荷导轨、静压导轨、塑料导轨、气浮导轨、滚珠丝杠等结构部件来减少摩擦。

3. 采用消除传动间隙的装置

数控机床进给机械传动部分存在间隙，它会使得反向进给滞后于指令信号，从而影响加工精度。普通机床可采用人工操作消除空行程的方法，对齿轮传动副、滚珠丝杠传动副等则需要采用消除间隙的装置。

机械传动进给部分，如滚珠丝杠副、传动齿轮副等之间存在传动间隙。图 2-2 所示为滚珠丝杠副之间的传动间隙，当遇到反向进给信号时，伺服电动机带着丝杠需先走完间隙量后，才能驱动螺母和工作台或溜板箱进行移动。其道理和普通机床进给刻度盘的"空行程"一样，必然会带来反向进给间隙误差。

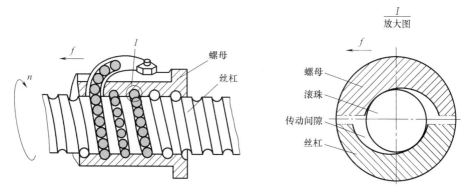

图 2-2　滚珠丝杠副的传动间隙

此时，可以采用如图 2-3a 所示的双螺母垫片调隙式结构。该结构的原理是，向不同方向进给时，两个单螺母分别受力，装配时通过修磨调整垫片的厚度，改变两个单螺母的相对位置，从而达到减小丝杠与螺母之间传动间隙的目的。图 2-3b 所示为双螺母调隙式结构，它在装配时，通过旋转调整螺母改变两个单螺母的相对位置，从而达到减小丝杠与螺母之间传动间隙的目的。

采用这两种结构除了可以减小丝杠与螺母之间的传动间隙，还可以提高丝杠的刚度。

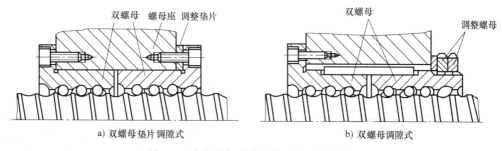

a) 双螺母垫片调隙式　　　　　　　　　b) 双螺母调隙式

图 2-3　滚珠丝杠副减小传动间隙的结构

4. 结构和材质具有良好的导热性能

数控机床加工的精度要求高，由于机械部分的热源和质量分布不均，各部位温升不同将导致变形，从而影响刀具与工件的正确位置。所以要求数控机床机械部分的结构和材质具有良好的导热性能。

5. 辅助操作自动化程度高

数控机床采用自动换刀、自动排屑、自动交换工作台、自动装夹、自动润滑等装置，通过缩短辅助时间来提高生产率。结构上采用多主轴、多刀架，极大地提高了切削效率。

2.1.2 数控机床机械结构的组成及作用

1. 数控车床机械构成及作用

数控车床机械部分包括床身、X轴和Z轴进给传动系统、主轴及其传动部件、电动刀架和其他辅助装置，如图2-4所示。

（1）床身 它是数控车床的基础部件，数控车床所有零部件都靠它支承住，并与地基相连，要求它的刚度好、强度高。

数控车床的床身有平床身和斜床身之分，图2-4所示的斜床身数控车床近些年越来越多地被人们所使用，因为它与传统平床身数控车床相比有以下优势：

1）布局更为合理，斜床身数控车床X轴的两根导轨所在平面与地平面相交，有一定夹角（角度有30°、45°、60°、75°几种），从机床侧面看，斜床身数控车床的床身呈直角三角形。如此布局，在水平宽度相同的情况下，

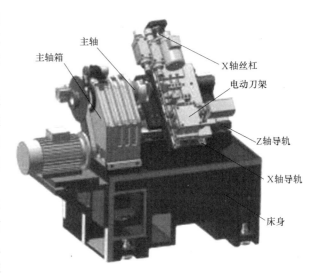

图2-4　数控车床机械组成

斜床身的X轴拖板比平床身的要长，在车床上可以安排更多的刀位数。

2）斜床身数控车床的刀具是在工件的斜上方往下切削的，切削力与工件的重力方向基本一致，所以主轴运转相对平稳，不易引起切削振动。与平床身数控车床相比，斜床身数控车床的抗弯曲和抗扭能力更强。

3）斜床身数控车床的布局直接影响X方向滚珠丝杠的间隙，重力直接作用于丝杠的轴向，这样可以消除传动时的反向间隙。这是斜床身数控车床与平床身数控车床相比，所具有的先天性精度优势。

4）斜床身数控车床的排屑能力强，其切削产生的废屑在斜面上会自动掉入油盘内，即斜床身与平床身相比更有利于排屑。所以，斜床身数控车床一般都配置自动排屑机，可以自动清除切屑，减小了工人的劳动强度。

5）斜床身数控车床由于刀位数相对较多，再配上自动排屑装置，其自动化程度相对平床身数控车床要高。

斜床身数控车床也存在一些缺点，如制造难度大、床身重、成本高，且沿斜面移动轴的伺服电动机需要带自锁功能。

（2）移动轴导轨及滚珠丝杠传动部件

1）进给轴导轨。数控车床是高精密、强力金属切削设备，所以要求导轨导向精度高、耐磨性好、寿命长、具有足够的刚度、运动平稳性好、工艺性好。进给轴移动轨迹路线由它们决定，卧式数控车床一般都是Z轴装在基础床身上，X轴垂直装在Z轴上。

数控机床通常采用的导轨形式有滑动导轨、滚动导轨、静压导轨、气浮导轨等。

滑动导轨用得最多的是镶钢贴塑导轨，其最大的优点是导轨受力稳定、抗强力切削性能好，被广泛地用于中、重型机床的导轨上，且能在干摩擦情况下工作，复合贴塑材质成本低。但因为贴塑面粘接、刮研工艺复杂，特别是大型机床对贴塑导轨进行修复时还需要拆解立柱、主轴箱等，故维修成本相对较高。

镶钢贴塑导轨的典型结构如图 2-5 所示。

镶钢贴塑导轨由于接近普通机床结构，导轨和床鞍之间有用于调整的镶条和压板，如图 2-6 所示。安装调试与维修过程中要重视对它的调整，镶条有 1：100 的锥度，通过前后顶丝来移动镶条在轴向上的位置，从而达到调整间隙的目的，如图 2-7 所示；压板可通过改变厚度的方法，调整压紧的松紧程度。

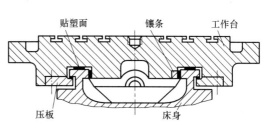

图 2-5　镶钢贴塑导轨的典型结构

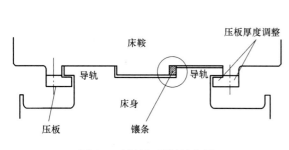

图 2-6　镶条与压板的位置

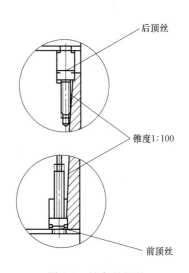

图 2-7　镶条的调整

滚动导轨的运动导轨和支承导轨之间是滚动摩擦形式，因为它具有摩擦因数小、灵敏度高、速度快等优点，已越来越被人们所青睐。

现在机床上应用最多的滚动导轨是如图 2-8 所示的直线导轨。

2）滚珠丝杠。图 2-9 所示的滚珠丝杠是把伺服电动机的角位移转化为直线位移的关键部件，它具有传动和定位的双重作用。

滚珠丝杠在机床上的安装有以下几种方式。

① 一端固定，一端自由，如图 2-10 所示。固定端轴承同时承受轴向力和径向力，这种支承方式用于行程小的短丝杠机床，因为这种结构的机械定位精度是最差的，但是它的结构简单、安装调试方便，所以还是有一定的用户。

② 一端固定，一端支承，如图 2-11 所示。支承端只承受径向力，这使得支承端能做微量的轴向浮动，可以减少或避免因丝杠自重而出现的弯曲，同时丝杠热变形后可以自由地向一端伸

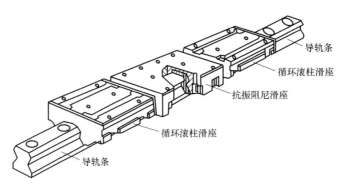

图 2-8　直线导轨

长。这种结构使用最广泛，目前国内中小型数控车床、立式加工中心等一般都采用这种结构。

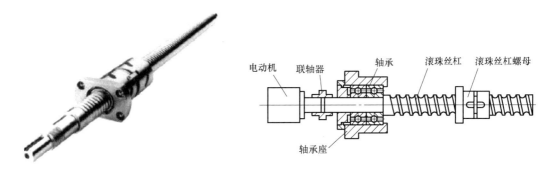

图 2-9　数控机床的滚珠丝杠　　　　　　图 2-10　一端固定一端自由方式

③ 两端固定，如图 2-12 所示。这种安装方式可以起到对丝杠施加预紧力的作用，能提高丝杠的支承刚度，并能部分补偿丝杠的热变形。

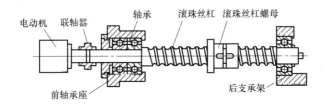

图 2-11　一端固定一端支承方式

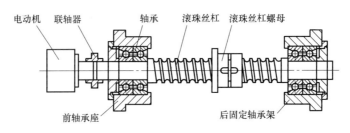

图 2-12　两端固定方式

3）角接触球轴承。进给轴滚珠丝杠是通过轴承与安装支座连接在一起的，并使得丝杠的运动和支座的静止这两种状态能实现转换。考虑到数控机床进给轴的受力情况，它既可以同时承受轴向力和径向力，又可以单独承受轴向力，而且它的极限转速高，所以一般连接丝杠使用角接触球轴承较多。

角接触球轴承的安装形式有背对背、面对面和串联排列三种。背对背（两轴承外圈的较宽端面相对）安装时，轴承的接触角线沿回转轴线方向扩散，可增加其径向和轴向的支承角度刚度，抗变形能力最大。面对面（两轴承外圈的较窄端面相对）安装时，轴承的接触角线朝回转轴线方向收敛，其轴承角度刚度较小。由于轴承的内圈伸出外圈，当两轴承的外圈压紧到一起时，外圈的原始间隙消除，可以增加轴承的预加载荷。串联排列（两轴承的宽端面在一个方向）安装时，轴承的接触角线同向且平行，可使两轴承分担同一方向的工作载荷。但采用这种安装形式时，为了保证安装的轴向稳定性，两对串联排列的轴承必须在轴的两端对置安装。

成对组配使用的角接触球轴承可用于同时承受径向载荷与轴向载荷的场合，也可以用于承受纯径向载荷和任一方向的轴向载荷的场合，机床生产厂家大多都按一定的预载荷要求，把轴承按照一定组合方式配对安装在机床上，这样配对使用的轴承安装在机床上后，能较好地消除轴承运动时产生的游隙，并使套圈和钢球处于预紧状态，极大地提高了组合轴承的安装刚度，使用效果良好。

成对安装的轴承按其外圈不同端面的组合分为背对背配置、面对面配置、串联配置三种类型，如图 2-13 所示，

背对背安装时，载荷作用中心处于轴承回转轴线之外，力作用点跨距较大，悬臂端刚度较大，轴在工作过程中受热伸长时，轴承游隙增大，轴承不会出现被卡死的现象。

面对面安装时，配对轴承的载荷中心处于轴承回转轴线之内。这种组合形式结构简单、拆装方便，当轴受热伸长时，轴承游隙减小，容易造成轴承卡死。所以，

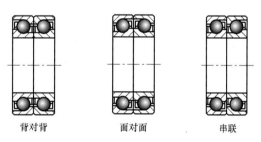

背对背　　　　　面对面　　　　　串联

图 2-13　角接触球轴承配对形式

要特别注意轴承游隙的调整，一般都是通过调整内、外隔环的宽度来调整游隙。这种配置不如背对背配对的刚度高，而且不太适合在有倾覆力矩的场合使用。

串联安装时，载荷线平行，径向和轴向载荷由两个轴承均匀分担，它适合在轴向载荷大的场合使用，而且这种组合方式的轴承只能承受作用于固定方向的轴向载荷。当出现相反方向的轴向载荷，或有复合载荷时，就必须增加至少一个相对串联配对轴承调节的第三个轴承。

角接触球轴承的安装究竟是选择背对背，还是面对面的方式，除了要考虑工作受力的因素外，一般还需要考虑装拆是否方便。对于较长的、运行时温升较大的轴，可以考虑"背对背"安装方式；"面对面"安装轴上零件，定位不合适时，轴受热变长，轴承游隙变小，有可能造成顶死，所以选择该方式安装时一定要加以注意。

角接触球轴承在轴上拆装时，只能在内圈上施加作用力；轴承在轴承座上拆装时，只能在外圈上施加作用力。否则，轴承内、外圈很容易与滚动体脱离，造成轴承的损伤，一定不能通过滚动体传递拆卸力，否则滚动体和滚道都会被压伤。

轴承装配前，一定要用煤油清洗干净（新购置的轴承除外），并抹上润滑脂待用，抹的润滑脂量不能太大（空隙的1/3左右为宜），这样，轴承工作时，有利于水汽的排放和散热。

4）联轴器。把两个轴连接起来进行运动的传递时需要联轴器，数控机床上常用的联轴器有膜片联轴器、刚性联轴器、梅花齿形联轴器、波纹管联轴器、齿形联轴器和万向联轴器几种，如图2-14所示。

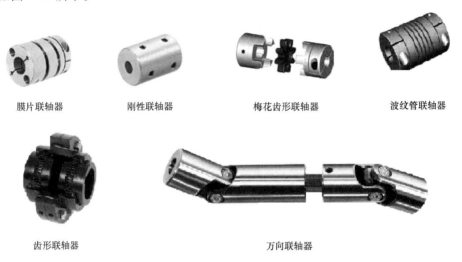

膜片联轴器　　　　　刚性联轴器　　　　　　梅花齿形联轴器　　　　波纹管联轴器

齿形联轴器　　　　　　　　　　　万向联轴器

图2-14　联轴器

它们因特点不一，所以应用在不同场合。膜片联轴器的传动精度高，承载能力大，且可在高温下运转；刚性联轴器的承载能力强，但对被连接的两轴同轴度要求高，适应力差；梅花齿形联轴器具有良好的减振、缓冲性能，同轴度补偿能力强、工作稳定可靠、使用寿命长、应用广泛；波纹管联轴器能很好地补偿两轴的同轴度误差，顺、逆时针方向回转特性完全相同，可耐高温、免维护，转矩不大时回转间隙为0，适用于中等转矩传动时的连接；齿形联轴器可应用于大转矩传动。

联轴器与轴的连接可通过键连接、周向抱紧式连接、胀环连接几种方式，其中胀环连接方式是通过端盖同时锁紧胀环的内圈和外圈。因胀环是锥形的，如图2-15所示，所以当有轴向压紧力时，胀环的锥面会使得薄圈发生径向变形，从而使它的内圈压紧在轴上，外圈压紧在联轴器套筒上，实现了轴与联轴器的连接，其结构原理如图2-16所示。拆卸时，取下端盖后，只需沿轴向稍有位移，就会松开。

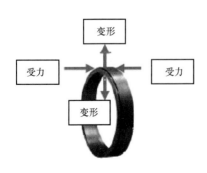

图2-15　胀环受力变形

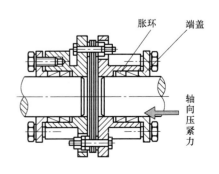

图2-16　胀环连接结构

（3）主轴及其传动部件　车削需要的主运动由主轴来完成，图2-17所示是数控车床主轴的外形。模拟量主轴一般用三相异步交流电动机通过带轮带动主轴旋转，螺纹车削等每转进给需要的一转信号，是由与主轴同步的主轴编码器提供的，主轴编码器装在主轴侧面，通过同步带或齿轮相连，如图2-18所示。伺服主轴由伺服电动机驱动主轴旋转，由于伺服电动机能实现位置控制，它每转进给需要的一转信号由伺服电动机自身反馈回系统，不再需要主轴编码器。

图2-17　数控车床主轴

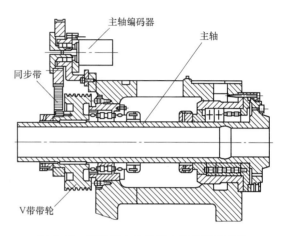

图2-18　模拟量主轴使用主轴编码器结构

（4）电动刀架　数控车床的电动刀架一般有图2-19所示的四工位刀架和图2-20所示的六工位刀架两种。四工位刀架结构相对简单，成本低，且整体刚度较高，换刀时与工件发生干涉的概率低于六工位，所以应用较广；六工位相比四工位虽然存在成本较高、整体刚度较差、换刀时容易与工件发生干涉等缺点，但它的刀位容量大于四工位，有利于加工工序的集中，自动化程度更高，因而深受人们的青睐。

图2-19　四工位电动刀架

图2-20　六工位电动刀架

四工位电动刀架的基本结构如图2-21所示。下面以四工位电动刀架的工作原理来说明其整套换刀动作是如何实现的。

电动刀架换刀的整套动作分为刀架正转选刀，选中后，刀架反转锁紧，然后换刀结束。当PMC发出换刀指令后，刀架电动机正转，运动通过蜗杆传至蜗轮，蜗轮带着螺母旋转，同时它上面的离合盘联动销转动一定角度，在弹簧推力的作用下，离合销进的入离合盘的槽中，在螺杆螺母的传动作用下，刀架销盘上升一定高度，使得端齿与反靠盘分离，然后离合盘带动离合销，再带动刀架销盘，最后，销盘带动刀架体（上面装有可使霍尔元件得电的磁铁）转动进行选刀。当上刀架体转到指令信号的刀位（它是由呈90°分布在刀位编码器上的霍尔元件代表四个不同的刀位）时，被选中刀位对应的霍尔元件发出到位信号，电动机停止转动，紧跟着PMC发出电动机反转信号，电动机通过蜗杆副反转，带着反靠销进入反靠盘的槽中，离合销从离合器盘的槽中退出，完成粗定位，同时在螺杆螺母传动下，刀架销盘带着刀架体下降至端齿啮合位置，完成精定位，同时刀架锁紧，刀架锁紧后电动机停转，完成换刀过程。

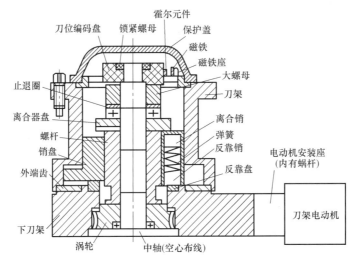

图 2-21　电动刀架基本结构

（5）其他辅助机构　如自动排屑机构完成自动排出切削下来的废屑的工作；尾座担当后支承顶尖的安装以及钻孔的任务；冷却装置负责向切削区域泵出切削液的任务。

2. 加工中心机械构成及作用

加工中心机械部分包括床身、X 轴、Y 轴和 Z 轴进给传动系统、主轴及其传动部件、刀库及刀具交换装置和其他辅助装置，如图 2-22 所示。

（1）床身　加工中心主要用来加工各种箱体类零件，其自动化程度较高，机床上的各种零部件较多，机床自身重量较大。因此，作为支承各功能零部件的床身，要求它的刚度要好、强度要高，且一般在地基上支承的点相对数控空车床要多。

（2）立柱　上下移动轴、主轴、刀库及自动换刀装置等，一般都装在立柱上，切削产生在刀具上的力都是通过立柱传至床身的，要求它抗挠度变形的能力强。

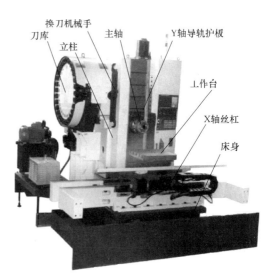

图 2-22　加工中心机械组成

（3）X 轴、Y 轴和 Z 轴导轨及滚珠丝杠　加工中心的进给轴较数控车床多了一个 Y 轴，与数控车床一样，加工中心的每一个轴也是由直线度很高的导轨及滚珠丝杠构成的，三轴互成90°。立式加工中心的Z轴是垂直轴，卧式加工中心的Y轴是垂直轴，垂直轴因为要考虑失电时主轴等重力部分会往下掉（滚珠丝杠可逆向传动），所以，垂直的重力轴伺服电动机要考虑自锁问题。现在一般成熟品牌都有专用带自锁的伺服电动机，只是安装前选型要正确，安装时不要弄错。

加工中心的导轨现在也以采用直线导轨的居多。直线导轨能与加工中心高效能、高速度的要求相匹配。

（4）主轴及其传动部件 加工中心主轴如图2-23所示，下端以180°分布突出的两个键。它所使用的锥柄刀柄如图2-24所示，刀柄上以180°分布凹入的两个键槽，刀柄与主轴孔配合的锥度为7：24，为保证传递的转矩足够大，结构上采用这种键槽配合。但在换刀时，必须使主轴停在与刀库内刀具位置一致的地方。

图 2-23　加工中心主轴

图 2-24　加工中心使用的刀柄

加工中心主轴中装夹的刀具也需要夹紧，才能保证正常加工。其夹紧方式如图2-25所示，正常情况下，刀具在主轴中处于夹紧状态，碟形弹簧向上推着轴套，轴套带着拉杆，拉杆向上拉住弹性卡爪，此时弹性卡爪抓住了刀柄上的拉钉，刀具被夹紧。当需要松刀时，气缸带着推杆，通过旋转接头和固定螺母向下推拉杆，从而使得弹性卡爪向下运动，处于松开状态，这时刀具被松开。

这里的气缸在早期是用液压缸（压力大），因为刀具夹紧需要的力度较大，使用较粗的碟形弹簧才能达到夹紧刀具的目的。现在一般都使用专为这种场合设计的气液增压器（俗称打刀缸），这就避免了另外配置液压装置的麻烦。

加工中心采用模拟量控制的主轴，在换刀时，主轴准停只能使用类似于图

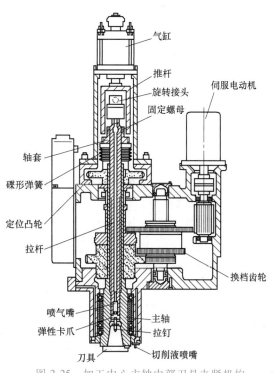

图 2-25　加工中心主轴内部刀具夹紧机构

2-26 所示的实现主轴准停装置，当 PMC 触发主轴准停开始信号（M19）时，主轴带着定位盘旋转，一旦接近开关信号通，电磁阀得电，定位液压缸动作，活塞杆便顶着滚轮落入槽内实现定位，同时主轴停止旋转。这种机械式控制主轴准停的方式因为动作多、响应速度慢、控制位置精度差、稳定性不高，所以，现在生产的机床采用这种结构的已越来越少。使用较多的是主轴选用伺服电动机，这样便于位置控制，加工中心换刀动作要求的主轴准停功能易于实现。

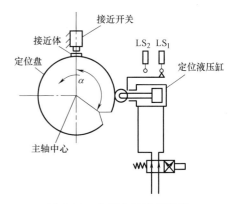

图 2-26　实现主轴准停装置

为适应当今对高速、高精加工的要求，高速电主轴技术已日趋成熟，它已越来越多地被应用到加工中心等机床上。电主轴就是将主轴技术和电动机技术整合在一起，其基本结构如图 2-27 所示，它的优势非常明显。

1）结构紧凑，为设备节省了有限的使用空间。

2）传统结构是从电动机到带轮，再通过同步带到主轴，而电主轴省去了中间传动环节，效率高、振动小、噪声低、运动平稳，因为工作条件的改善，所以在相同条件下，它的主轴轴承使用寿命得以延长。

3）易于实现高速、高精度以及高的动静态稳定性。

4）利用现代控制技术和机电优化设计，可满足不同工况和不同负荷的要求。

5）安装简单、方便，利于使用。

（5）刀库及刀具自动交换装置　加工中心的刀库有圆盘式和链式等几种。圆盘式刀库的容量小，经典的圆盘斗笠式刀库的旋转轴线与主轴轴线平行，它是利用刀库被气缸带着移动来实现与主轴上的刀具进行自动交换的。链式刀库的容量相对较大，它一般安装在机床侧面进行旋转选刀，选中后由机械手动作来实现与主轴上的刀具进行自动交换，机械手换刀过程如图 2-28 所示。

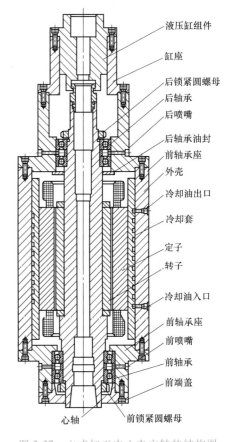

图 2-27　立式加工中心电主轴的结构图

换刀时，机械手的动作如图 2-29 所示。机床执行换刀宏程序，刀库电动机旋转到所选刀号位置（选刀），刀库立刀机构让其转 90°立刀，同时，Z 轴带着主轴和主轴上用完的刀移动到与刀库上待换刀等高的位置。这时，下面水平气缸运动，通过齿条齿轮带着机械手旋转实现抓刀，抓刀完成信号 3 控制上面的水平气缸，通过齿条齿轮带着传动盘和短销转至键槽位置，信号 1 再去控制垂直气缸带着机械手向下运动，实现从刀库刀套和主轴锥孔中把刀拔出的动作。之后，水平气缸通过齿条齿轮带着机械手旋转180°，实现刀具位置交换动作，然后垂直气缸向上运动，把交换后的刀具插入刀库刀套和主轴锥孔中。最后，刀库和机械手进行复位，整个换刀动作完成。

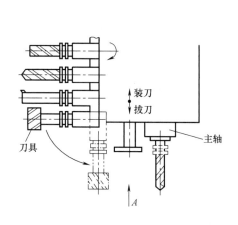
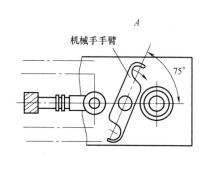

图 2-28　机械手换刀过程

（6）其他辅助机构　例如，自动排屑机构完成自动排出切削下来的废屑的工作；冷却装置负责向切削区域泵出冷却液体的任务，加工中心一般有油冷、气冷和喷雾冷却等多种冷却方式。

2.2　数控车床精度检测

机床不同于一般的机械设备，它是用来生产其他机械装备的工作母机，因此其在刚度、精度及运动特性方面有其特殊要求。

数控机床的加工精度主要取决于其机械部分装配后自身达到的精度，数控车床按国家标准 JB/T 8771.2—1998 验收时，需检测的各种精度共16项。所以数控车床在装调时，也应按此标准检测调试到位。

2.2.1　数控车床精度检测的内容

由于篇幅限制，这里只以卧式数控车床几种常见的、有代表性的检测项目为例进行说明。

1. 床身导轨的直线度

车削圆柱面、端面时，形成的圆柱表面直线度误差和端面直线度误差分别由 Z 轴和 X 轴导轨的直线度决定。

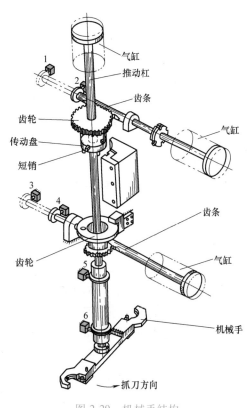

图 2-29　机械手结构

2. 尾座套筒轴线对 Z 轴移动的平行度

数控车床的该项精度直接影响到了利用尾座钻、扩、铰出孔的中心线与外圆面直线的平行度误差。如果是加工好的外圆面通过主轴卡盘定位夹紧钻出来的孔，则它与装夹定位外圆面直线的平行度误差是由尾座套筒轴线与主轴轴线的平行度决定的；如果利用主轴卡盘定位夹紧，并在该道工序中车削外圆和钻孔，那么，车削形成的外圆面轴线和所钻孔中心线的平行度误差，是由尾座套筒轴线与溜板箱纵向移动的平行度决定的。

3. 尾座孔轴线与主轴轴线的同轴度

尾座孔轴线与主轴轴线的同轴度决定了一夹一顶或两顶尖安装方式车削形成的外圆柱面的圆柱度误差，以及钻、扩、铰孔的直径误差（如果钻中心孔时容易出现中心钻损坏的情况，则极有可能是尾座孔轴线与主轴轴线的同轴度误差过大引起的）。

4. 顶尖轴线与 Z 轴导轨的平行度

顶尖轴线与 Z 轴导轨的平行度决定了当采用两顶尖安装工件进行外圆表面车削加工时，形成的外圆表面圆柱度误差的大小。

5. 主轴端部卡盘定位锥面的径向圆跳动

主轴端部卡盘定位锥面的径向圆跳动影响到通用卡盘夹具的安装误差。

6. 主轴锥孔中心线的径向圆跳动

主轴锥孔中心线的径向圆跳动决定了主轴旋转的圆度误差。

7. 主轴顶尖的跳动

主轴顶尖的跳动是轴向和径向圆跳动的综合误差，它影响到主轴旋转的圆度误差和轴向定位误差。

8. Z 轴导轨与主轴轴线的平行度

Z 轴导轨与主轴轴线的平行度决定了以卡盘装夹定位方式加工外圆和镗孔时形成的圆柱度误差大小。

9. X 轴导轨与主轴轴线的垂直度

X 轴导轨与主轴轴线的垂直度决定了所加工端面和外圆的垂直度误差。

2.2.2 数控车床精度检测的方法和步骤

数控车床几何精度的检测方法和步骤不是一成不变的，某种程度上取决于调试要求及现有条件。这里按等同国标要求，使用常用的工检具来说明上面几个项目的调试方法和步骤。

1. 床身导轨的直线度误差

床身导轨直线度误差的检测方法和步骤如图 2-30 所示。

1）导轨擦拭干净后，将擦拭干净的桥尺安置在溜板上。

2）纵向、横向各摆放一块水平仪。

3）分别沿纵向和横向等距离移动水平仪，记下对

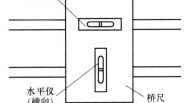

图 2-30 床身导轨直线度误差的检测

应的一组水平仪读数值，其最大值和最小值之差就是该向导轨在垂直平面内的直线度误差。

直线度误差要求在 0.0075mm/250mm（任意）以内。

2. 尾座套筒轴线对 Z 轴移动的平行度误差

尾座套筒轴线对 Z 轴移动的平行度误差的检测方法和步骤如图 2-31 所示，分别在 a 主平面内和 b 次平面内测量它们的平行度误差。

1）尾座套筒伸出有效长度后，按正常工作状态锁紧，并把外露的套筒擦拭干净。

2）在溜板上安装好磁力表座和千分表，在主平面内测量时，使表头测量方向垂直于侧素线所在圆弧面，在次平面内测量时，使表头测量方向垂直于上素线所在圆弧面。

3）移动 Z 轴，观察表头在套筒露出两端的读数差值，此差值即是尾座套筒轴线对 Z 轴移动的平行度误差。

尾座套筒轴线对 Z 轴移动的平行度误差要求主平面内为 0.015mm/300mm 以内，次平面内为 0.02mm/300mm 以内。

3. 尾座孔轴线与主轴轴线的同轴度误差

尾座孔轴线与主轴轴线同轴度误差的检测方法和步骤如图 2-32 所示，分别在 a 主平面内和 b 次平面内测量它们的同轴度误差。

1）在主轴端部架上磁力表座和千分表。

2）在尾座套筒孔中插入擦拭干净的检验棒，把尾座移至靠近主轴端部位置。

3）让表头沿测量方向垂直接触检验棒圆柱面，低速旋转主轴，分别记录表头在 a 主平面和 b 次平面内的差值，此差值即为尾座孔中心线与主轴轴线的同轴度误差。

尾座孔中心线与主轴轴线的同轴度误差要求在主、次平面内都为 0.03mm 以内。

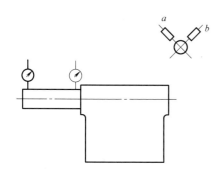

图 2-31　尾座套筒对 Z 轴平行度误差的检测

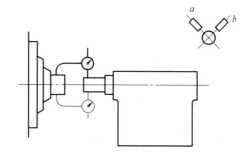

图 2-32　尾座孔轴线与主轴轴线同轴度误差的检测

4. 顶尖轴线与 Z 轴导轨的平行度误差

顶尖轴线与 Z 轴导轨平行度误差的检测方法和步骤如图 2-33 所示，分别在 a 主平面内和 b 次平面内测量它们的平行度误差。

1）在主轴孔中装上前顶尖，在尾座孔中装上后固定顶尖，安装前要把顶尖和孔擦拭干净。

2）移动尾座到合适位置，用两顶尖安装检验棒。

3）在溜板上安装好磁力表座和千分表，并使表头测量方向垂直于接触检验棒的上素线。

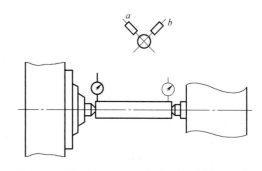

图 2-33　顶尖轴线与 Z 轴导轨平行度误差的检测

4）移动 Z 轴，记录表头在检验棒上素线两端的差值，此差值即为在 a 主平面内测量的顶尖轴线与 Z 轴导轨的平行度误差。

按同样方法，可测得在 b 次平面内测量的顶尖轴线与 Z 轴导轨的平行度误差，要求主、次平面内分别为 0.015mm 和 0.04mm（尾座略高）以内。

5. 主轴端部卡盘定位锥面的径向圆跳动

主轴端部卡盘定位锥面径向圆跳动检测方法和步骤如图 2-34 所示。

1）在进给溜板上装好磁力表座和千分表。

2）使用尾座和后顶尖对主轴施加轴向力 F，以消除主轴轴向间隙。

3）使表头测量方向垂直接触主轴端部卡盘定位锥面，低速旋转主轴，其表头测得差值即为主轴端部卡盘定位锥面的径向圆跳动误差，其值应在 0.01mm 以内。

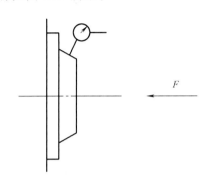

图 2-34 主轴卡盘定位面的径向圆跳动

6. 主轴锥孔轴线的径向圆跳动

主轴锥孔轴线径向圆跳动的检测方法和步骤如图 2-35 所示，需要在近主轴端 a、远主轴端 b 两处进行测量。

1）将擦拭干净的检验棒装入主轴孔内。

2）在溜板上架好磁力表座和千分表，表头测量方向垂直接触检验棒圆柱面。

3）分别在近主轴端 a 处和距离主轴端面 300mm 的 b 处旋转测量，将检验棒相对主轴旋转 90° 重新插入检验，共检验四次，其平均值就是径向圆跳动误差。a 处误差要求在 0.01mm 以内，b 处误差要求在 0.02mm 以内。

7. 主轴顶尖的跳动

主轴顶尖跳动的检测方法和步骤如图 2-36 所示。

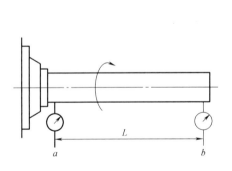

图 2-35 主轴锥孔轴线径向圆跳动的检测

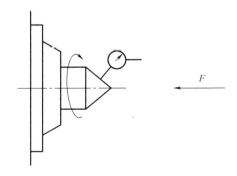

图 2-36 主轴顶尖跳动的检测

1）将擦拭干净的前顶尖装入主轴孔内。

2）在溜板上架好磁力表座和千分表，表头测量方向垂直接触前顶尖的锥面。

3）对主轴施加轴向力 F，以消除主轴轴向间隙，低速旋转主轴，其表头测得差值即为主轴顶尖的跳动误差，其值要求在 0.015mm 以内。

8. Z 轴导轨与主轴轴线的平行度误差

Z 轴导轨与主轴轴线平行度误差的检测方法和步骤如图 2-37 所示，分别在 a 主平面内和 b 次平面内测量它们的平行度误差。

1）将擦拭干净的检验棒装入主轴孔内。

2）在溜板上架好磁力表座和千分表，表头测量方向垂直于圆柱面接触检验棒 a 主平面内所在侧素线。

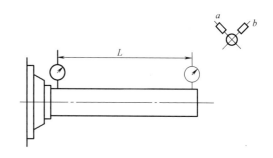

图 2-37　主轴轴线与 Z 轴导轨平行度误差的检测

3）移动 Z 轴，记录表头在全长 L 内的差值，旋转主轴 180°进行两次测量，其平均值就是在 a 主平面内测量的 Z 轴导轨与主轴轴线的平行度误差。用同样方法，即可在 b 次平面内测量得 Z 轴导轨与主轴轴线的平行度误差。

允许误差要求在主、次平面内分别为 0.015mm/300mm 和 0.025mm/300mm（尾座略高）以内。

9. X 轴导轨与主轴轴线的垂直度误差

X 轴导轨与主轴轴线垂直度误差的检测方法和步骤如图 2-38 所示。

1）将专用检具（平面盘）的锥柄擦拭干净后，塞入擦过的主轴孔中。

2）在溜板上架好磁力表座和千分表，表头测量方向垂直接触平面盘的端面（千分表测头与主轴等高）。

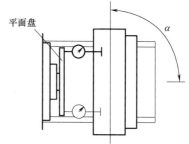

图 2-38　X 轴与主轴的垂直度误差检测

3）移动 X 轴，记录表头测出的差值，旋转主轴 180°再检测一次，其平均值就是所测得的 X 轴导轨与主轴轴线的垂直度误差。其值要求为 0.01mm/100mm 以内，$\alpha < 90°$。

2.3　加工中心精度检测

这里以最具代表性的立式加工中心为例来说明，按国家标准 JB/T 8771.2—1998 验收时，需检测的各种精度共 36 项。由于篇幅限制，这里只就以下几种常见的、有代表性的检测项目加以说明。

2.3.1　加工中心精度检测的内容

1）X 轴、Y 轴、Z 轴轴线运动的直线度误差。

2）Z 轴轴线运动和 X 轴轴线运动的间垂直度误差。

3）Z 轴轴线运动和 Y 轴轴线运动的间垂直度误差。

4）Y 轴轴线运动和 X 轴轴线运动间的垂直度误差。

5）主轴的周期性轴向圆跳动误差。

（1）机床几何
精度的检测

6）主轴锥孔的径向圆跳动误差。

7）主轴轴线和 Z 轴轴线运动间的平行度误差。

8）主轴轴线和 X 轴轴线运动间的垂直度误差。

9）主轴轴线和 Y 轴轴线运动间的垂直度误差。

10）工作台面的平面度误差。

11）工作台面分别和 X 轴、Y 轴轴线运动间的平行度误差。

12）工作台面与 Z 轴轴线的垂直度误差。

2.3.2 加工中心精度检测的方法和步骤

加工中心精度的检测方法和步骤可参照 GB/T 17421.1—2023 的有关内容，但也不是一成不变的，某种程度上取决于检测要求及现有条件，机床厂家可以制定自己的标准（不能低于国标）。这里按等同国标要求，使用常用的工检具来说明上面几个项目的检测方法和步骤。

1. X 轴轴线运动的直线度误差

如图 2-39a 所示，需要在 ZX 垂直平面内进行检测，还需在图 2-39b 所示的 YX 水平平面内进行检测，两项检测都应合格。

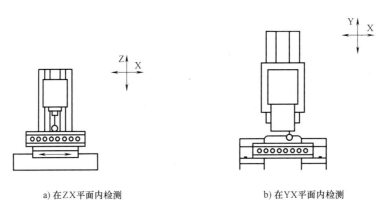

a) 在 ZX 平面内检测   b) 在 YX 平面内检测

图 2-39　X 轴轴线运动直线度误差的检测

1）将检具平尺用三个可调支承钉安置于工作台上，尽可能靠近工作台中央，因为这部分是使用最多的有效范围。

2）如主轴能紧锁，就把磁性表座和千分表安放在主轴上，否则就把它安放在机床的主轴箱上，使表头测量方向垂直于被测面。

3）如果在 ZX 垂直平面内检测，就用表头接触平尺上表面，移动 X 轴，根据表的读数，调整可调支承钉和平尺的位置，使得平尺两端处于同一高度位置。然后再移动 X 轴，记录表在检测行程内的读数变化，就得到了 X 轴轴线运动在 ZX 垂直平面内的直线度误差。

采用同样方法，也可得到 X 轴轴线运动在 XY 水平平面内的直线度误差，只是此时表头接触的是平尺侧表面。

Y 轴、Z 轴轴线运动直线度误差的检测方法和步骤与 X 轴一样，它们的局部误差要求在 0.007mm/300mm（任意）以内。

2．Z 轴轴线运动和 X 轴轴线运动间的垂直度误差

Z 轴轴线运动和 X 轴轴线运动间垂直度误差的检测方法和步骤如图 2-40 所示。

1）将平尺或平板用三个可调支承钉安放在工作台上。

2）如主轴能紧锁，就把磁性表座和千分表安放在主轴上，否则就把它安放在机床的主轴箱上，使表头测量方向垂直于被测面。

3）移动 X 轴，根据表的读数，调整可调支承钉，使平尺或平板平行于 X 轴放置。

4）在与 X 轴平行的平尺或平板表面上面放置一把角尺，角尺的一面与之接触。

5）移动 Z 轴，通过表头测出角尺垂直面在有效行程内的读数变化，即是 Z 轴轴线运动和 X 轴轴线运动间的垂直度误差。

用相同原理和方法，可检测 Z 轴轴线运动和 Y 轴轴线运动的垂直度误差，以及 Y 轴轴线运动和 X 轴轴线运动间的垂直度误差，局部误差要求都在 0.020mm/500mm 以内。

3．主轴的周期性轴向圆跳动

主轴周期性轴向圆跳动的检测方法和步骤如图 2-41 所示。

1）在主轴孔中放置一根擦拭干净的检验棒。

2）在检验棒端面中心孔里抹上润滑脂，在中心孔的润滑脂里粘上一颗直径合适的钢珠，以钢珠露出端面三分之二左右为宜。

3）在工作台上安放磁力表座和千分表，使表头接触钢珠的最低点。

4）低速旋转主轴，记录表头读数变化值，此值即是主轴的周期性轴向圆跳动误差，其值要求在 0.005mm 以内。

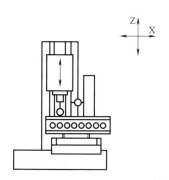

图 2-40　Z 轴和 X 轴垂直度误差的检测

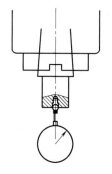

图 2-41　主轴轴向圆跳动的检测

4．主轴锥孔的径向圆跳动

主轴锥孔径向圆跳动的检测方法和步骤如图 2-42 所示。

1）在主轴锥孔中装入擦拭干净的检验棒。

2）在工作台上安放磁力表座和千分表，使表头接触检验棒的外表面。

3）用手低速旋转主轴两整圈以上，分别检验靠近主轴端部的 a 点和距主轴端部 300mm 处的 b 点两处的径向圆跳动误差。

a 点处的径向圆跳动误差要求在 0.007mm 以内；b

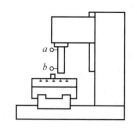

图 2-42　主轴锥孔径向圆跳动的检测

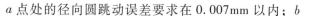

点处的径向圆跳动误差要求在 0.015mm 以内。

5. 主轴轴线和 Z 轴轴线运动间的平行度误差

如图 2-43a 所示，需要在平行于 X 轴的 ZX 垂直平面内检测平行度误差，还需在如图 2-43b 所示的平行于 Y 轴的 YX 垂直平面内检测平行度误差，两项都应合格。

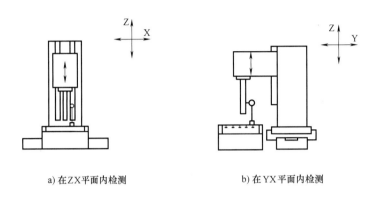

a) 在ZX平面内检测   b) 在YX平面内检测

图 2-43 主轴轴线和 Z 轴轴线运动间平行度误差的检测

1）在平行于 X 轴的 ZX 垂直平面内检测时，Y 轴轴线置于行程的中间位置。

2）在主轴孔中装入擦拭干净的检验棒。

3）在工作台上安放磁力表座和千分表，使表头测量方向垂直接触检验棒在 ZX 平面内的外侧表面。

4）上下移动 Z 轴，观察并记录表头在整段检验棒上读数的变化值，此值即是在平行于 X 轴的 ZX 垂直平面内检测的主轴轴线和 Z 轴轴线运动间的平行度误差。

5）在平行于 Y 轴的 YX 垂直平面内检测时，X 轴轴线置于行程的中间位置，使表头测量方向垂直接触检验棒在 YX 平面内的外侧表面，其他方法和步骤与在 ZX 平面内相同。

主轴轴线和 Z 轴轴线运动间的平行度误差要求在 0.015mm/300mm 以内。

6. 主轴轴线和 X 轴轴线运动间的垂直度误差

主轴轴线和 X 轴轴线运动间垂直度误差的检测方法和步骤如图 2-44 所示。

1）将平尺用三个可调支承钉平行于 X 轴安置于工作台上，左右位置相对主轴对称。

2）使用磁力表座和专用支架将千分表安装在主轴上，要点是表头与主轴的水平距离略小于平尺长度的一半，以保证旋转主轴时，千分表能测到平尺左右两端，测量计数时，表头测量方向垂直接触平尺上表面。

3）旋转主轴，让千分表跟着旋转，记下表头在平尺左右两端的读数，其差值的一半即为主轴轴线和 X 轴轴线运动间的垂直度误差。

主轴轴线和 Y 轴轴线运动间垂直度误差的检测方法及步骤与上述相同，它们的误差要求都在 0.015mm/300mm 以内。

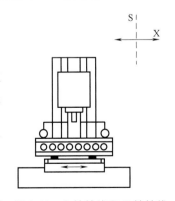

图 2-44 主轴轴线和 X 轴轴线运动间垂直度误差的检测

2.4 数控机床的安装调试

数控机床的安装调试很重要,这个环节决定了一台数控机床能否正常使用、加工精度的好坏以及使用寿命的长短等问题。

数控机床安装调试的内容和流程如图 2-45 所示。

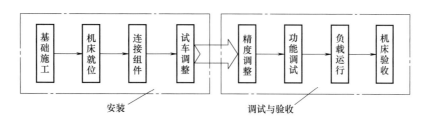

图 2-45 数控机床安装调试流程

床身作为数控机床的基础部件,要求其刚度好、强度高,能有力地支承起机床各个零部件,并保证切削时抵抗切削力的能力强。所以,床身部分的尺寸大、重量大,应充分重视其安装调试。

2.4.1 数控机床的安装

机床生产厂家安装床身是必需的一步,一般用天车将其装吊至总装配位置。而对机床用户来说,小型机床由机床生产厂家调试好以后,整体包装运输,到用户车间再整体安装调试;大型机床在机床生产厂家调试好以后,因为不利于运输,需要拆解,分开包装运输,到用户车间再组装,此时,可能才需要对床身进行安装。

这里以小型机床为例,说明从整机运装至用户车间进行安装和调试的方法步骤。

1. 数控机床安装常用的工具和设备

安装数控机床需要的常用工量具:撬棍、扳手、钳子、锤子、机床临时垫放的木块、缆绳(根据机床重量选用)、煤油、盆、棉布、水平仪(0.02mm)量块、桥尺等。

安装数控机床需要的常用设备:有条件的车间用天车,没有天车就使用钢支架和手动吊葫芦或液压叉车;若干块垫铁(可提前与厂家沟通,确定垫铁是否随机床配置,若不配置则应提前准备好)。

2. 数控机床的安装工艺和步骤

小型数控机床的整体刚度好、重量轻,所以对地基要求也不太高。可以直接在平整的水泥地面上,使用如图 2-46 所示的可调防振垫铁(一般使用 4 个或 6 个)进行安装。在整机吊装过程中,应把防振垫铁的螺杆穿过床身安装位置的孔,并拧上锁紧螺母(防止在吊装过程中脱落)。

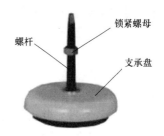

图 2-46 可调防振垫铁

大中型数控机床由于质量大,整体刚度较差,对地基的要求较高,需要在选择好的安装位置挖坑(深度视具体机床质量和土质情况而定),浇注搅拌好的水泥,抹平 1~2 天后即可进行机床安装。对于机床安装后其位置不会轻易变动的情况，可以考虑在水泥中安放地脚螺栓（地脚螺栓摆放位置按实际机床安装孔确定），机床和地基之间使用调整楔铁，机床床身水平调整到位后，用水泥把机床、地脚螺栓和地基连成一体。

对于机床位置以后会有变动的情况，尽量不使用地脚螺栓安装，直接在做好的地基平面上使用可调防振垫铁安装（一般使用6个或6个以上），如图2-47所示。

大中型数控机床，特别是高精密型数控机床，还得考虑周围振动源对其工作的影响。所以，应在机床地基周围，用聚苯乙烯等材料做50mm左右宽的隔离带，将地基与周围的振动源隔离开来。

下面以中小型数控机床为例来说明其安装方法和步骤。

1）使用撬棍、锤子等打开包装箱，检查机床外观是否有变形破损和掉漆等情况，并验收机床配件及相关机床文件等。

图2-47 使用可调防振垫铁安装机床

2）将垫铁旋到最低点，按数量摆在机床安装的大致位置，用天车把机床吊放至安装位置，落地前，让垫铁与机床安装孔对准。

3）拆除机床运输过程中用于防止移动部件晃动的紧固件。

4）用煤油清洗导轨、卡盘、刀架等上面的防锈油。

5）把运输过程中拆解下来的各零部件，如数控系统柜、电气柜、立柱、刀库、机械手等组装到机床上。组装时必须使用原来的定位销、定位块等定位元件，以保证下一步能把数控机床顺利调整到出厂时的各项性能指标。

6）仔细阅读机床厂家提供的数控机床说明书中的电气连接图和气（液）压管路图，按照电缆和管路的标记与机床对应部位连接好。连接时，要注意接头一定要拧紧，以保证可靠地接触和密封，否则试车时会漏水、漏油，给试机带来麻烦，如果电路连接不正确，有可能会造成漏电和短路的危险。严格按照电气连接图给机床接上地线，以保证人身和设备的安全。电缆和管路连接完毕后，要做好各个管线的固定就位，安装好防护罩壳，保证数控机床外观的整齐，也为后面的安全使用带来方便。

3. 数控机床安装时的注意事项

1）若开箱位置与安装位置间的距离长，则需考虑是借用钢管在地面滚动搬运，还是用叉车或地牛搬运，开箱时提前决定好拆卸底板的位置，否则不得搬运；若开箱位置与安装位置间的距离短，就不必考虑以上问题了。

2）考虑吊具最大承重能力，不能超负荷起吊。

3）在钢丝缆绳与床身接触的地方垫上木块，防止挤伤精度高的导轨、丝杠和破坏漆面。

4）起吊前，检查吊钩、缆绳是否连接牢固。

5）斜床身及立式加工中心的重力轴，在运输过程中和吊装前，要用木块支承住重力部分，以防跌落。防护门在运输过程中也需要用螺钉固定，以防止滑动撞击，这些部分在机床安装时需要拆除。

6) 机床吊装时，要选择好缆绳吊挂位置，防止预估的重心位置偏离较大。刚开始起吊时速度一定要慢，且起吊过程中，随时注意机床重心位置是否偏离，一旦发现重心位置不对要及时调整。

7) 连接油管、气管时，要注意防止异物从接口处进入管路，造成整个气压、液压系统的不正常，给机床使用留下隐患。

8) 由于数控机床质量大，安装起吊时，严禁工作人员停留在悬吊的机床下方，一定要确保人身安全。

2.4.2 数控机床机械部分的调试

数控机床机械部分的调试主要是指安装水平调试和相关几何位置精度调试，通过安装调试，使之达到出厂前的精度水平，能保证验收后的正常使用。

1. 数控机床调试内容及常用的工量具仪表

（1）水平调试及水平仪　调试机床水平位置用的水平仪有框式和尺式两种，如图 2-48 所示。其精度有 0.01mm/m、0.02mm/m、0.04mm/m、0.05mm/m 等几种规格，其原理是利用水准气泡在玻璃管内总是处于最高位置来测知与水平仪对应方向机床床身的高低。

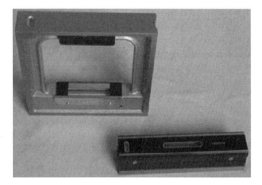

图 2-48　水平仪

使用水平仪前应对其进行检查，如果误差较大，则需要调整。

① 把基准面擦拭干净的水平仪放到擦拭干净的平板上，记下气泡刻度位置。

② 在平板的相同位置，把水平仪转 180°，再观察气泡刻度位置。

③ 如果两次气泡刻度位置不一样，则说明气泡玻璃管与水平仪测量基准面间的平行度超差。此时，应用螺钉旋具拧动玻璃管旁边的调整螺钉，直至两次气泡刻度位置一样为止，这也说明水准气泡的玻璃管与水平仪测量基准面间的平行度误差已经符合要求。

机床安装的水平调试一是为了保证机床能在受力均衡、自然重力状态下工作，二是为了给机床其他部件的安装位置确立一个基准面。小型机床由于结构相对简单、部件少、受力变形小，所以对其水平调试要求一般不高，主要是要求床身导轨处在一个平面内，以防出现同一个方向进给轴的两条平行导轨发生扭曲，从而使得导轨在使用周期初始就进入快速磨损期。而大中型数控机床由于质量大，受力变形也大，特别是大中型数控机床占地面积大，要将其床身导轨像小型机床那样调整到同一平面内非常困难，这时以水平面为基准调整各处位置更易于实现。所以，大中型数控机床对水平调试的要求相对小型数控机床来说要高得多。

数控机床水平调试的方法如图 2-49 所示。在擦拭干净的床身导轨上放置桥尺，再在擦拭干净的桥尺表面沿机床纵向（Z 轴）和横向（X 轴）各放置一块精度调整好的水平仪。手推着桥尺沿床身导轨慢慢移动，观察水平仪气泡的位置变化情况，从而判断床身导轨各处高低有何不同，画图记录下位置变化情况。然后使用扳手旋转调整垫铁的螺栓，使该调整垫铁支承的床身导轨处高低位置发生改变，通过不断调整所有垫铁的高低位置，最后使得床身导轨处在同一个水平面内。

水平调试的精度要求是，水平在 0.04mm/1000mm 以内，扭曲在 0.02mm/1000mm 以内。

为了保证调整工作顺利进行，最好在进行水平调试的初期，让所有的调整垫铁处于与机床床身底座表面刚接触而未"吃上力"的状态。

对于斜床身数控机床的水平调试，因为 Z 轴导轨不是水平安置的，水平仪没有合适的摆放位置。此时，可以使用如图 2-50 所示的机床厂设计制作、随机床配置的专用胎具。使用时，柄部固定在刀架工作位置上，胎具平面处在水平面内，在其上面放置水平仪，即可对机床进行水平调试。

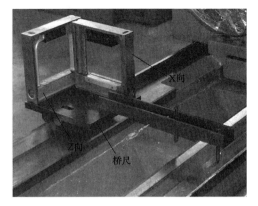

图 2-49　机床水平调试

（2）平行度/垂直度调试及百分表/千分表/杠杆表/磁力表座　调试 X/Y/Z 轴相互间的垂直度、主轴相对于卡盘安装基准面的垂直度、主轴与 Z 轴导轨间的平行度、前后顶尖与 Z 轴间的平行度时，可用百分表、千分表、杠杆表、磁力表座、带锥柄的检验棒、检验等来检测调试，图 2-51 所示为百分表和磁力表座。

图 2-50　专用胎具

图 2-51　百分表和磁力表座

（3）位置精度检测　数控机床位置精度的检测调试，主要使用步距规、激光干涉仪及量块。

（4）间接检测　对于一些要求高且不易检测的位置精度，可以通过使用千分尺及三坐标测量仪等量具检测已加工工件的精度来间接检测。

（5）噪声及噪声仪　数控机床运行时的噪声可以使用噪声仪来测试，标准值小于 83dB。

（6）温升测试　数控机床的温升测试可以用点温计或红外热像仪，一般主轴运行稳定后的温升要求为最高温度不超过 70℃，温升不超过 35℃。

2. 数控机床调试的工艺和步骤

数控机床调试的作用是在数控机床安装好后，为后面数控机床的验收和使用做准备，它的工艺步骤如下。

1）检查各零部件是否出现损坏情况。

2）逐个检查各部件润滑油路是否畅通。

3）打开电气柜，查看各元器件及其连接情况，接口插座是否插好；用万用表检查机床主电路的各相之间是否有短路情况；检查限位开关动作是否正常，位置固定是否稳定；检查安全接地是否可靠，接地线路电阻绝不能大于 1Ω；在确保数控机床安装就位无误后，才能给机床通电。

4）接通机床总电源后，检查 CNC 电箱、主轴电动机及机床电气柜冷却风扇是否正常工作、转向是否正确，润滑及液压处的油标指示是否正常。

5）给 CNC 通电，通过观察显示器的显示情况，在初始化结束进入正常画面后，先检查急停按钮是否正常；低速检查手动主轴、进给、超程限位、换刀及手轮是否正常；检查零点位置是否正确。

6）在机床水平已调好的情况下，进行机床负荷试验。

① 按切削参数进行最大转矩试验。

② 按切削参数进行最大功率试验。

③ 按切削参数进行超最大功率的 1/4 试验。

7）先在 MDI 方式下，低速自动运行主轴、进给、刀具等功能，检查机床的基本功能是否正常。

8）空运行试验。

① 手动指令，每个动作循环 2min。

② 自动循环考机程序，每天 8h，运行 2~3 天。

9）编辑各种功能程序，速度从低至高，然后在自动方式下，连续运行一段时间。在这个过程中，发现并解决存在的某些问题，直到机床能正常工作，从而顺利完成数控机床的调试任务。

10）按国家标准要求检验（冷检）G1~G12 项几何精度。

11）温升试验。

① 中速温升，前后轴承温差不超过 5℃。

② 高速温升，最高温度在 70℃ 以内，温升不超过 35℃。

12）中速温升达到稳定温度后热检以下精度。

① 几何精度 G7、G11、G12 项。

② 工作精度 P1~P4 项。

13）噪声检测。国家环保部门对机床的噪声也有严格规定，要求水平距离 1m 以内，高度 1.5m 内噪声压级数值不超过 83dB（A）。

14）相应的清洗、卫生、包装。

机床生产厂家生产装配好机床以后，需要清理其表面的毛刺、油污、废屑等，并在加工面上涂抹防锈油，然后包装好准备出厂。

对于机床用户来说，这一步就是拆除包装，用煤油清洗防护罩，给导轨、丝杠等相对运动副加注润滑油。

3. 数控机床调试时的注意事项

1）第一次通电时，在按下急停按钮的情况下，从强电到弱电逐步接通，以便随时发现并及时解决问题。

2）注意检查急停按钮和行程开关，确定这些机床安全保护功能都没有问题。

3）对大中型设备或加工中心，不仅要调整水平，还需对一些部件进行精确调整。

4）主轴和进给调试时，速度一定要先低速后高速，且正反两个方向都要运行。

5）空运行确定机床基本功能正常，不存在安全问题后，再安装刀具和毛坯进行试切。

6）调试前，一定要把机床运输过程中的支承固定附件拆除掉，防止机床运动时对其造成不必要的伤害。

2.5 直线导轨的安装调试

非互换型直线导轨配对使用时，每个轴由基准轨和从动轨组成，如图 2-52 所示。基准轨上刻有"MA"标识（NSK 的标记为"KL"），不能弄错；而且基准轨和从动轨安装调试的方法和要求也不一样，要区别对待。下面以 HIWIN 直线导轨为例，说明其安装调试步骤。

2.5.1 确定直线导轨的安装方式

直线导轨必须根据机床使用情况（振动、冲击）、精度要求以及床身构造等情况来确定其安装方式，不管采用哪种方式，垂直方向的安装基准在床身加工时已做好，需要考虑的主要是水平方向的安装调试问题。

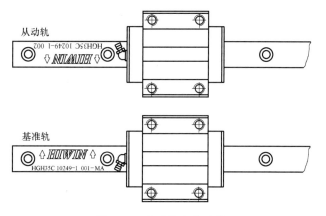

图 2-52 基准轨和从动轨

1）受振动及冲击力较大，且刚度要求和精度要求较高时，考虑到滑轨和滑块有可能在工作过程中偏离原来位置，直线导轨可以采用如图 2-53 所示的结构形式安装。当然，滑轨还可以采用压板固定（图 2-54a）、推拔固定（图 2-54b）和滚珠固定（图 2-54c）等固定方式。

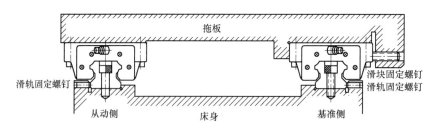

图 2-53 受振动及冲击力较大时的结构形式

这种结构形式的特点是床身上已加工出直线导轨在两个方向上的安装基准面，前期对床身加工要求较高，而直线导轨的安装调试相对较为简单。

2）滑轨无侧向固定螺钉时，宜采用如图 2-55 所示的结构形式进行安装。

这种结构形式的特点是床身上没有从动导轨水平安装基面，基准导轨安装面虽然已加工

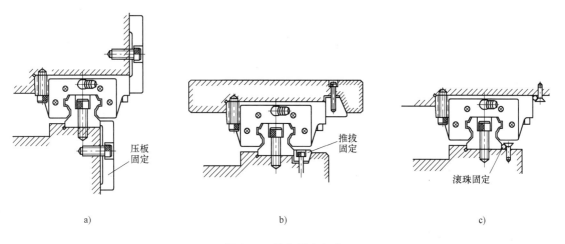

图 2-54　其他固定方式

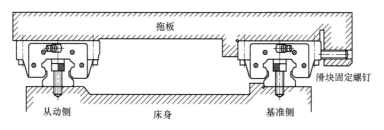

图 2-55　滑轨无侧向固定螺钉时的结构形式

好，但没有侧向固定螺钉，安装时怎么保证基准轨的安装调试到位是考虑的重点。

3) 滑轨无侧向定位装配面时，宜采用如图 2-56 所示的结构形式进行安装。

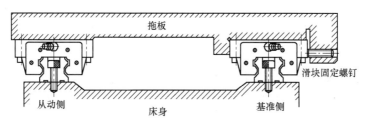

图 2-56　滑轨无侧向定位装配面时的结构形式

这种结构形式的特点是床身上基准轨和从动轨的安装基准面都没有加工好，安装时，怎么安装基准轨，如何保证基准轨和从动轨的平行度就成了重点。

2.5.2　线导轨安装调试的工艺和步骤

1. 安装前的清理

使用清洗油将导轨出厂前涂在基准面上的防锈油洗净，再按图 2-57 所示，先用油石清除床身导轨机械安装面的毛边及表面伤痕，再用稀释剂（或其他挥发性液体）清洗床身导轨安装基准面，并用洁净的棉布擦净安装面上的所有污物。因为将防锈油清除后基准面较容易生锈，所以在安装直线导轨之前，最好涂抹上黏度较低的主轴用润滑油。

2. 滑轨的安装

（1）受振动及冲击力较大，且刚度要求和精度要求较高场合中滑轨的安装　看好基准滑轨的安装基准面，如图2-52中"HIWIN"旁箭头所指的侧边平面B就是安装基准面。将基准轨安装基准面与床身安装基准面相对，轻放安置在擦拭干净的床台上，使用侧向螺钉固定或其他固定方式使滑轨与床身侧向安装面轻轻贴合，然后轻微旋紧垂直方向上的螺钉，使轨道垂直安装面稍微贴合。

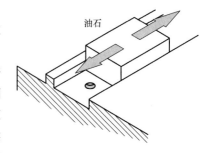

图 2-57　导轨安装面的整理

垂直基准面稍微旋紧后，加强侧向基准面的锁紧力，使基准轨可以确实贴合床身侧向基准面。当滑轨位置确定好以后，再由中央位置开始逐步向两端拧紧螺钉，这样可以保证直线导轨因拧紧产生的变形量不会积累在有效行程内，从而可以得到稳定的精度。

使用扭力扳手，依照表2-1中所列各种材质要求的锁紧力矩，将滑轨的定位螺钉慢慢旋紧。

表 2-1　各种材质要求的锁紧力矩

螺钉尺寸	锁紧力矩（kgf·cm）		
	钢	铸铁	铝合金
M3	21	13.6	10.5
M4	44.1	29.3	22
M5	94.5	63	47.2
M6	146.7	98.6	73.5
M8	325.7	215.3	157.5
M10	724.2	483.2	356.7
M12	1264.2	840	630
M14	1682.1	1125	840
M16	2100	1403.5	1050

注：1kgf·cm≈0.1N·m。

从动轨的安装方法和步骤与基准轨相同。

（2）滑轨侧向无固定螺钉情况下基准轨的安装　此时采用如图2-58所示的台虎钳夹紧法，先用螺钉轻轻地将基准导轨底面与床身安装基准面稍微贴合，再用台虎钳使基准滑轨侧基准面紧贴床身侧安装基准面，确定位置后，使用扭力扳手按一定力矩，从中部逐步向两端拧紧螺钉，使基准轨下底面紧贴床身安装基准面。

从动轨的安装可以采用直线量块法，将直线量块放置于两条滑轨间，使用千分表校准直线量块，使它在水平方向与基准轨侧边平行，然后再以直线量块为基准调

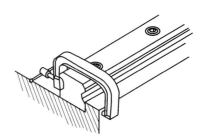

图 2-58　台虎钳夹紧法

整从动轨侧面的位置，如图2-59所示，并以一定的力矩按顺序锁紧从动轨装配螺钉。

从动轨的安装也可以采用移动平台法，将基准轨的两个滑块固定在专用的测试平台（缺口空间为拧螺钉而设）上，而从动轨只装一个滑块，且不固定在测试平台上（其作用是

支承测试平台）。如图 2-60 所示使用千分表，以基准轨位置来校准从动轨的位置，并以一定的力矩按顺序锁紧装配螺钉。

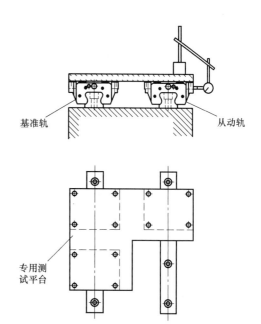

图 2-60 移动平台法

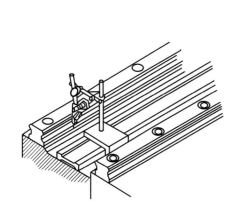

图 2-59 直线量块法

（3）滑轨侧向无定位装配面情况下基准轨的安装 此时可以采用直线量块法，如图 2-59 所示，方法与上面从动轨的安装一样。

基准轨的安装还可以采用假基准面法。如图 2-61 所示，将两个滑块通过测试平板紧密结合地装在一起，借助床身滑轨装配附近的基准面，以其为基准来校准基准轨的位置，并以一定的力矩按顺序锁紧装配螺钉。

从动轨的安装调试方法与侧向无固定螺钉情况下从动轨的安装调试方法一样。

3. 滑块的安装

1）使用装配螺钉将床鞍轻轻地固定在滑块上。

2）用紧固螺钉将滑块侧边基准面紧固于床鞍侧边装配面上，以确保滑块相对于床鞍的位置准确性。

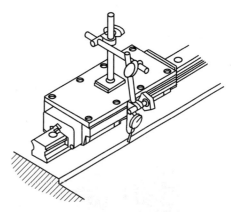

图 2-61 假基准面法

3）如图 2-62 所示，按对角线顺序依次锁紧装配螺钉，把滑块装配在床鞍上。

4. 直线导轨安装调试时的注意事项

1）安装时要轻拿轻放，不能磕碰，否则机床的加工精度会大受影响。

2）调整滑轨位置需要敲击时，只能使用橡胶锤子，否则会伤害滑轨表面。

3）滑轨的安装基准面不能看错，为标识旁箭头所指侧面，滑块基准面则是经过研磨的光面。

4）尽量不要使滑块离开滑轨，以防滚动球漏出，滑块轨道中球体排满后，正常应有1.5个球的空位。

5）如需将滑块从滑轨上取下，必须使用夹轨接上再拆装，如图2-63所示。

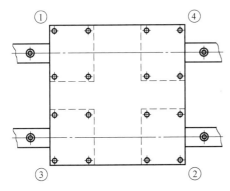

图2-62　滑块的安装

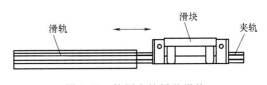

图2-63　使用夹轨拆装滑块

6）安装直线导轨时，一定要考虑润滑问题。运行速度不超过60m/min时，可考虑采用脂润滑；若速度较高，则应在滑块端盖上方预留孔位装上润滑油嘴，以与供油管路相接。

2.6　主轴机械部分的安装调试

2.6.1　加工中心主轴机械结构拆装的常用工具和设备

加工中心主轴机械结构拆装需准备的常用工具和设备：橡胶锤子、铜棒、活扳手、扭力扳手、内六角扳手（套）、轴承安装专用铝套、煤油及盆、棉布、润滑脂、千分表及磁力表座、塞尺、主轴安装平台（带夹紧装置）。

2.6.2　加工中心主轴机械结构调试的工艺方法及步骤

下面以加工中心主轴为例，讲解其机械部分的安装方法与步骤。

1）将主轴固定在工作台上，如图2-64所示，然后用棉布将其擦拭干净，并在外表面涂上一层薄薄的润滑脂。

图2-64　将主轴固定在工作台上

图2-65　涂润滑脂

2）依次往主轴上装下隔环和上隔环，并涂上一层薄薄的润滑脂，如图 2-65 所示。此时要注意以下问题：

① 安装隔环前，应检查端面平行度误差在 $2\mu m$ 以内。

② 下隔环端面与主轴台阶面要完全贴合。

③ 隔环内孔不能与主轴外圆产生干涉。

3）将两个配对好的轴承按标准加入适量润滑脂，第一个轴承内环较宽的面朝下，如图 2-66 所示，轴承外环有箭头标记一方朝下装入需到底，再用模具压一下。再装入第二个轴承，如图 2-67 所示，要注意第二个轴承的箭头标记必须与第一个轴承的箭头标记对齐。

图 2-66 第一个轴承的安装

图 2-67 第二个轴承的安装

4）先装入内隔环（图 2-68），再装入外隔环（图 2-69），要注意以下问题：

① 内、外隔环间的平行度误差应在 $2\mu m$ 内。

② 内、外隔环高度须等高（陶瓷轴承的内环比外环高 $3\mu m$）。

③ 内隔环装入时，需涂上一层薄薄的润滑脂。

图 2-68 装入内隔环

图 2-69 装入外隔环

5）给待装的两个配对的轴承加入适量润滑脂，然后依次装入第三、第四个轴承。第三个轴承内环较宽的面朝上，轴承外环的箭头标记朝上，第四个轴承的箭头标记必须与第三个对齐，如图 2-70 所示。上面这一对轴承与下面的一对轴承的安装方法一样，只是上面这对与下面一对的安装方向相反。

轴承装入的方法有两种：一种是外力挤压法，另一种是热胀冷缩法。如果采用外力挤压法，可以先抹润滑脂，再用模具往里压，或沿周向均匀用力往下敲击；如果采取给轴承加热后往主轴上装的方法，则轴承装入前须加热至比室温高20℃左右，使轴承内径胀大便于装入，此时，应在轴承装上主轴后再抹润滑脂，否则，加热过程中容易使润滑脂融化。

6）如图2-71所示，装入隔环。注意：

① 平行度误差在2μm以内。

② 隔环需涂薄薄的润滑脂。

图2-70 装入第三、第四个轴承

图2-71 装入隔环

7）将螺母锁上，如图2-72所示，并用扭力扳手按规定力矩（2000kgf·cm）锁上螺母，松开后再锁的锁紧力矩为1600kgf·cm。

8）锁紧螺母，用千分表找正外隔环，使其位于主轴中心点，如图2-73所示，误差应在10μm以内。

图2-72 锁紧螺母

图2-73 找正外隔环

9）如图2-74所示，测量轴承平端面与主轴轴线的垂直度误差是否在2μm内，如果超差，应进行调整，直至符合要求。

10）将表座吸于轴承外圆上，如图2-75所示，用千分表测量主轴自由端与轴承外圆的同轴度误差是否在5μm以内，若超差，则需用螺母上的防松螺钉进行校正。

11）装入第五个轴承，箭头标记朝下；再装入第六个轴承，箭头标记朝上，如图2-76所示。这两个轴承的安装方法与抹润滑脂要求与前面一样，只是这对轴承的安装方向与前面不同。

图 2-74　测量轴承平端面与主轴轴线的垂直度误差　　图 2-75　测量主轴自由端与轴承外圆的同轴度误差

12）装入轴承衬套，如图 2-77 所示。注意：

① 衬套装入前须先擦拭干净。

图 2-76　装入第五、第六个轴承

图 2-77　装入轴承衬套

② 衬套内壁上应涂抹一层薄薄的润滑脂。

③ 将衬套加热至比室温高 20℃。

13）依次装入隔环和感应环，然后装上锁紧螺母，用扭力扳手以 1000kgf·cm 力矩拧紧，松开后再锁紧（800kgf·cm），如图 2-78 所示。

14）将主轴拆下平放，装上轴承盖，先锁紧后放松，并用塞尺检测间隙量，如图 2-79 所示，要求间隙在 0.03mm 以内。

15）用螺塞堵住油孔，如图 2-80 所示。

锁紧螺母

感应环

隔环

图 2-78　装入隔环、感应环和锁紧螺母

图 2-79 用塞尺检测间隙

图 2-80 用螺塞堵住油孔

16）装入衬套外环，如图 2-81 所示。

17）锁上轴承端盖，如图 2-82 所示。

图 2-81 装入衬套外环

图 2-82 锁上轴承端盖

18）用千分表测量主轴上端的径向圆跳动，如图 2-83 所示，误差应在 $2\mu m$ 以内。若超差，则应通过锁紧螺母来调整。

19）拧紧感应环锁紧螺钉。

20）组装拉杆，如图 2-84 所示。

① 按所需厚度研磨隔环。

② 依次在拉杆上装入隔环及三片一组的碟形弹簧，并在碟形弹簧上涂抹润滑脂。

③ 将拉杆完全锁紧到底。

④ 装上防松螺钉。

⑤ 装上 4 颗 $\phi 8mm$ 的钢珠。

⑥ 检查拉杆上的防松螺钉是否锁紧。

图 2-83 测量径向圆跳动

21）将拉杆装到主轴上，组装前，应在碟形弹簧外面涂上润滑脂，以防打刀时产生噪声，如图 2-85 所示。

22）如图 2-86 所示，将定位柱装上，锁紧导柱，并检查防松螺钉是否锁上。

23）将压盘装上并锁紧，如图 2-87 所示。

图 2-84 组装拉杆

图 2-85 将拉杆装到主轴上

图 2-86 安装定位柱

图 2-87 安装压盘

24）检查主轴径向圆跳动是否在允许误差范围内，锁上刀柄导向键，如图 2-88 所示。主轴安装调试完成后须整体进行防锈处理，螺钉锁紧后要画上记号，以确保螺钉松动时能及时发现，螺钉需涂抹防松剂。

2.6.3 加工中心主轴机械结构安装调试的注意事项

1）安装轴承时，方向一定不能弄反，否则主轴受力结构会发生改变。

图 2-88 锁上刀柄导向键

2）由于主轴属于精密部件，对数控机床加工精度影响非常大，所以安装时，要使用橡胶锤子敲击，避免用铁锤敲击对它造成变形破坏。

3）安装过程中，应严格按要求进行所需检测，否则会导致后面出现重大偏差。

4）因为主轴装好后内部密封较严，不易进行润滑及做防锈处理，所以中间步骤的润滑和防锈工作要到位。

5）主轴整体装配完成后，须做防锈处理；螺钉锁紧后应做上记号，确保其松动时能及时发现。

6）轴承润滑时，加注的润滑脂以约占空间的1/3为宜，太多不利于水汽挥发，太少则达不到润滑效果。

2.7 进给传动机械结构拆装与调试

现在半闭环控制的数控机床使用得较多，这类机床由于伺服电动机以后的进给机械传动误差不在系统控制范围内，其对加工精度的影响非常大，所以，要特别重视进给传动机械部分的拆装调试。

2.7.1 进给传动机械结构拆装与调试常用的工量具及设备

进给传动机械结构拆装与调试常用的工量具及设备：橡胶锤子、铜棒、活扳手、钩形扳手、内六角扳手（加长）、木块、悬挂丝杠和检验棒的铁架、φ5mm钢球、轴承安装专用铝套、煤油及盆、棉布、润滑脂、拔销器、顶拔器、桥尺、千分表及磁力表座两套、检验棒和检验套。

2.7.2 进给传动机械结构的拆卸

数控机床进给传动机械的拆卸是否会伤害到一些精度高的零部件，对装配后的精度造成何种影响，取决于拆卸工艺方法和步骤是否合理。下面以数控车床为例，说明纵向进给传动机械结构拆卸的工艺方法及注意事项。

1. 进给传动机械结构拆卸的工艺方法及步骤

数控车床纵向进给传动机械的结构如图2-89所示。

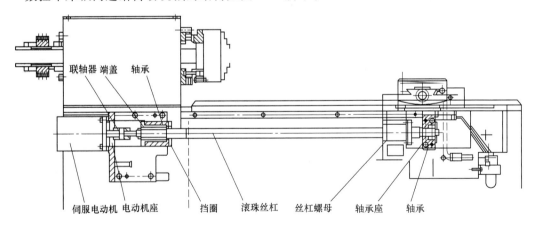

图 2-89 数控车床纵向进给传动机械结构示意图

1）断开伺服电动机线缆，松开电动机与滚珠丝杠联轴器的锁紧螺钉，把伺服电动机从电动机座上卸下来，用螺塞保护好伺服电动机电路接口。

2）松开电动机座端轴承挡圈，在轴承和挡圈之间放上两个半月环，再在外面装上挡圈。这是为了后面步骤从电动机座中抽出滚珠丝杠时，轴承内圈不会随着丝杠与轴承发生脱离。

3）用图 2-90 所示的拔销器拔下右端轴承座与床身间的定位销，拧下紧固螺钉；用如图 2-91 所示的顶拔器依次拆下丝杠右端的轴承座和轴承。

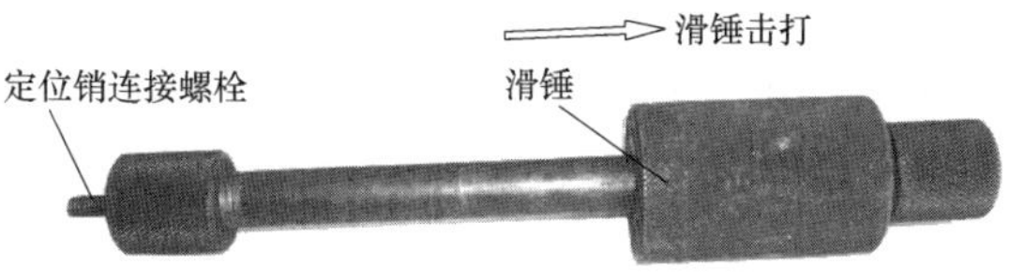

图 2-90　拔销器

4）稍微拧松丝杠螺母在溜板上的紧固螺钉，在主轴箱前放置一厚实木块顶住纵向移动的溜板（其作用是旋转丝杠时，使丝杠螺母不会轴向移动），或者拧紧溜板在床身导轨上压板的调整螺钉。固定丝杠螺母移动位置后，用扳手旋转丝杠右端，将丝杠从电动机座中抽出来，如图 2-92 所示。

图 2-91　顶拔器

图 2-92　从电动机座轴承中抽出滚珠丝杠

5）脱开油管与丝杠螺母的连接，取下丝杠螺母的紧固螺钉，用手轻轻托住丝杠，在保证丝杠不与机床其他部位发生碰撞的情况下卸下丝杠。

6）用拔销器拔下电动机座与床身间的定位销，拧下紧固螺钉，卸下电动机座，用小铝棒（或铜棒）顶着轴承外圈，周向均匀用力打击，把轴承从电动机座中取下。

2. 进给传动机械结构拆卸注意事项

1）从电动机座上卸下伺服电动机时，只能使用橡胶锤子敲击，且不能敲击电动机尾部编码器，因其位置反馈精度要求高、结构脆弱。

2）卸下滚珠丝杠后，必须将其悬挂起来，这样丝杠不容易变形，否则就会影响到滚珠丝杠的定位精度。悬挂栓绳的部位，要能保证滚珠丝杠螺母不会在自身重力作用下旋出丝杠。

3）滚珠丝杠抽离溜板上安装孔时，容易发生碰撞，使滚珠丝杠滚道变形，严重影响其精度。所以要特别小心，当拆装尺寸大一些的滚珠丝杠时，关键步骤须由两人配合完成。

2.7.3　进给传动机械结构的安装调试

进给传动机械零部件安装的位置精度决定了进给运动的平稳性和机床的运动精度，需要调试的精度包括：电动机座轴承安装孔、轴承座轴承安装孔和丝杠螺母安装孔三者间的同轴度误差，以及它们与该方向进给导轨之间的平行度误差；丝杠两端分别在轴承座处及联轴器安装处附近的光轴径向圆跳动；丝杠安装好后的轴向圆跳动。

这里还是以数控车床为例，说明纵向进给传动机械结构安装调试的工艺方法及注意事项。

1. 进给传动机械结构安装调试的工艺方法及步骤

1）安装前，需要用洁净的煤油依次清洗轴承、挡圈、端盖、轴承隔环、丝杠锁紧螺母、联轴器、轴承座、电动机座等零部件，把清洗好的轴承放在干净的白纸上沥干煤油后，抹上适量润滑脂待用。

2）用螺钉将电动机座和轴承座安装在机床床身上，滚珠丝杠螺母支架安装在纵向进给溜板上。此时螺钉锁紧力度要恰当，力度太小时，安装位置不易稳定；力度太大时，则安装位置精度不好调整。

3）在电动机座轴承安装孔、轴承座轴承安装孔和丝杠螺母安装孔中分别装入检验套和检验棒，在纵向进给导轨上放置桥尺及两套磁力表座和千分表。

4）使两个千分表测头分别接触检验棒的上素线和侧素线，移动桥尺，如图2-93所示，观察上素线和侧素线千分表在轴承座检验棒和丝杠螺母安装孔中检验棒的读数变化，依此判断轴承座轴承安装孔和丝杠螺母安装孔的同轴度误差，以及它们与纵向进给轴导轨的平行度误差，若超差，则用铜棒敲击来调整它们的位置。用相同的方法检测调整电动机座和它们的位置关系，直至误差在允许范围内为止。

图 2-93　进给传动机械安装精度调试

5）在电动机座、轴承座和丝杠螺母支架的位置调整好后，锁紧紧固螺钉，在合适的位置钻铰定位孔，安装定位销，为以后的维修拆装免去位置调整的麻烦。

6）做好定位孔（与定位销配做），确定好轴承座位置后，再拆下轴承座。

7）将擦拭干净的滚珠丝杠穿过丝杠螺母安装孔，用螺钉轻轻地将丝杠螺母装在丝杠螺母支架上，调整丝杠位置，使丝杠电动机安装端的轴承安装位置露出电动机座外，使用专用硬铝套筒通过敲压的方式把准备好的轴承及隔套按顺序和方向依次安装到丝杠上，旋上锁紧螺母，并拧紧防松螺钉。

8）把挡圈装到电动机座上，用拆卸丝杠时固定丝杠螺母的方法，顶住纵向进给移动溜板，用扳手旋转丝杠，让丝杠拉着轴承从左往右进入电动机座中，装上轴承端盖。

9）在右端依次装上轴承座和轴承，并把轴承座按定位销确定的位置装至床身上。

10）在丝杠轴端中心孔里，用润滑脂粘一颗 $\phi5mm$ 的钢球，架设千分表，如图2-94所示，使千分表测头垂直接触钢球的最外点，用手轻轻旋转丝杠，通过观察千分表读数变化来测量滚珠丝杠安装的轴向圆跳动误差。如果超过要求误差，则应对丝杠一端的轴承紧固螺母进行必要的调整，直至其测量误差合格为止。

图 2-94　丝杠安装轴向圆跳动误差的测量

11）如图2-95所示，使千分表测头接触丝杠轴颈的光整位置，用手轻轻旋转丝杠，通过表头读数变化，检测丝杠的径向圆跳动误差。若超过要求误差，则应分析是由轴承安装问题，还是丝杠安装变形引起的，分析清楚后再决定调整相应部位，直至误差符合要求。

12）用加长的内六角扳手拧紧丝杠螺母的紧固螺钉，在丝杠螺母外侧装上润滑油管路接头，连接好原来拆下来的润滑油在此处的管路。

13）在电动机座上安装好伺服电动机，并用联轴器把伺服电动机传动轴和滚珠丝杠连接好。

2. 进给传动机械结构安装调试注意事项

1）滚珠丝杠和螺母如果需要清洗，最好不要用煤油，因为残存在丝杠螺母内部滚动体上的煤油会增大摩擦因数，可以使用汽油清洗或用干净的棉布擦净。装配前，应在丝杠滚道上抹上全损耗系统用油。

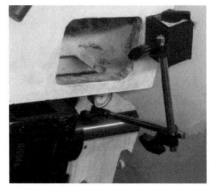

图2-95 丝杠安装径向圆跳动误差的测量

2）检测轴承座和电动机座的位置关系时，需要用手端起桥尺和千分表在溜板两端的纵向进给导轨上交换位置。在此过程中，要轻端轻放，以保证千分表测头相对桥尺的位置不发生改变。

3）只有在机床厂家生产新机床，以及需要更换电动机座、轴承座和丝杠螺母支架的维修中，才执行装调步骤的第3~第5步，否则，直接使用原配的定位销进行位置确定即可。

4）在滚珠丝杠的电动机连接端安装轴承前，一定要提前把挡圈套上，否则，后面装配就没法进行下去。

5）安装轴承时，手握的套筒一定要把正（让套筒端面与轴承端面整个贴上），以防轴承装歪而伤害丝杠轴颈。

2.8 电动刀架机械结构的拆装

2.8.1 电动刀架机械结构拆装常用的工具及设备

电动刀架机械结构拆装常用的工具及设备有一字及十字螺钉旋具、活扳手、尖嘴钳、内六角扳手（套）、铜棒、铁锤、錾子、棉布、煤油、盆。

2.8.2 电动刀架机械结构拆卸工艺方法及步骤

数控车床电动刀架的机械结构需要实现正转换刀和反转锁紧的动作，其结构原理相对而言较为复杂，这里就拆装工艺和步骤进行详尽的分析。

1）用螺钉旋具拧下电动刀架上端盖及电动机护盖，如图2-96所示，并断开刀架电动机及刀位编码器的接线。

2）取下蜗杆端盖，用内六角扳手向正转选刀方向旋转与电动机轴相连接的蜗杆，使上刀架旋转至下刀架安装螺钉露出的角度位置，如图2-97所示。

3）用内六角扳手拧下下刀架与电动刀架安装座的连接螺钉，把整个电动刀架从机床上卸下来，并松开刀架电动机的安装螺钉，使电动机轴脱离与蜗杆相连的联轴器，如图2-98所示。

图 2-96 拆卸电动刀架上端盖及电动机护盖

图 2-97 取下蜗杆端盖

图 2-98 拆卸电动刀架和电动机

4）取下感应磁石安装盘，用錾子顶住刀位编码器锁紧螺母端面孔，按螺母旋出方向敲击，卸下刀位编码器锁紧螺母后，再依次取下刀位编码器、大螺母、止推圈、推力轴承、离合盘，如图 2-99 所示。

5）用手按正转选刀方向旋转蜗杆，使刀架上升，离开与下刀架端面齿轮啮合锁紧位

图 2-99 拆卸刀位编码器

置，然后用手沿逆时针方向旋转刀架，使刀架从梯形螺杆上旋出，如图 2-100 所示。

6）从下刀架和梯形螺杆上卸下刀架，如图 2-101 所示。

图 2-100 旋出刀架

图 2-101 卸下刀架

7）分别从下刀架和刀架上取下梯形螺杆、反靠销、离合销及弹簧，如图 2-102 所示。

8）拆下反靠盘、蜗轮、蜗杆、梯形螺母。

图 2-102 卸下梯形螺杆、反靠销、离合销及弹簧

2.8.3 电动刀架机械结构装配工艺方法及步骤

电动刀架机械结构拆卸过程中，只要能做到看清结构、理清步骤，那么，在进行必要的维修维护之后再装配时，按与拆卸相反的顺序进行即可。不过在装配前，需要对拆下来的零部件进行必要的去毛刺、清洗以及为轴承加润滑脂等工序。

2.9 思考题

1. 数控机床与普通机床的机械结构有何区别？

2. 数控车床 Z 向进给轴的轴承设置应如何安排？

3. 加工中心立柱在安装时应如何保证其与 X 轴、Y 轴的垂直度？

4. 滚珠丝杠与进给导轨平行度的安装调试，厂家生产机床时和用户维修机床时的工艺方式有何不同？

5. 安装电动刀架时，应如何保证换刀的重复定位精度？

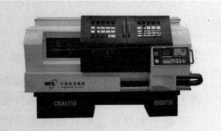

第3章

电气装调

【本章内容及学习目的】 本章主要介绍数控机床常用电气元器件的类型、特点、工作原理及适用范围等方面的知识；根据实例讲解数控机床电气原理图的识读和分析方法、变频器的安装调试方法。通过学习本章，学生应熟练掌握数控机床电气安装与调试的步骤和方法，并可以思路清晰地独立对数控机床电气故障进行分析和诊断。

电气自动化是数控设备赖以正常运行的基础条件，电气元器件和回路的装调，不仅要正确到位，还要稳定可靠。只有像"以心琢物，以技传世"的大国工匠刘更生那样，热爱自己的专业，精心研究，我们才能在今后的工作中，创造更好的成绩。

3.1 数控机床常用电气元器件

3.1.1 数控机床常用电气元器件的种类及工作原理

1. 开关电器

（1）组合开关 组合开关在机床电气控制中主要用做电源开关，它不带负载接通或断开电源，供转换之用；也可以直接控制 5kW 以下的异步电动机的起动、停止等。组合开关不适合在频繁操作的场所使用。

开关的额定电流一般取电动机额定电流的 1.5~2.5 倍。组合开关的图形符号如图 3-1 所示。

（2）低压断路器（俗称自动断路器） 它常作为不频繁接通和断开电路的总电源开关，或部分电路的电源开关，当发生过载、短路或失电压故障时能自动切断电路，有效地保护串接在其后面的电气设备。

低压断路器的结构原理如图 3-2 所示，正常工作时，过电流脱扣器衔铁处于释放状态，

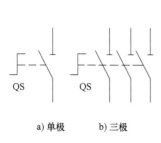

图 3-1 组合开关的图形符号

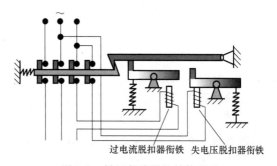

图 3-2 低压断路器的结构原理

失电压脱扣器衔铁处于吸合状态，钩锁钩住；当出现过电流或失电压时，对应的脱扣器衔铁通过杠杆使得钩锁脱开，主触点在弹簧力的作用下断开，从而实现自动切断电路。

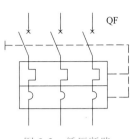

低压断路器在电气原理图中的表示方法如图3-3所示。

低压断路器的选择方法如下：

1）电路的正常工作电压和工作电流必须小于额定电压和额定电流。

2）各脱扣器的整定条件：

图3-3　低压断路器的图形符号

① 热脱扣器的整定电流应与所控制的电动机的额定电流或负载额定电流相等。

② 失电压脱扣器的额定电压应等于主电路额定电压。

③ 电流脱扣器（过电流脱扣器）的整定电流应大于负载正常工作时的尖峰电流，对于电动机负载，通常按起动电流的1.7倍整定。

2. 主令电器

控制系统中，主令电器是一种专门发布命令、直接或通过电磁式电器间接作用于控制电路的电器，常用来控制电力拖动系统中电动机的起动、停车、调速及制动等。

常用的主令电器有控制按钮、限位开关、脚踏开关、万能转换开关等。

（1）控制按钮　在控制电路中，可以通过手动按钮指令来实现远距离控制其他电器元件，再由其他电器元件去控制主电路或转移各种信号，也可以直接用来转换信号电路和电气联锁电路。

每个控制按钮中触点的形式和数量可按需要装配成少则1对常开/1对常闭，多则6对常开/6对常闭的形式。

指示灯按钮内可装入信号灯显示信号；紧急停止按钮上装有蘑菇形钮帽，以便用来实现紧急停止操作；另外，还有旋钮式、钥匙式按钮。

一般用红色表示停止按钮，用绿色表示起动按钮。

常用的按钮种类有LA2、LA18、LA19、LA20、LA25等系列。

控制按钮的图形符号如图3-4所示。

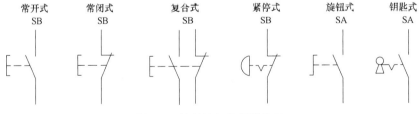

图3-4　控制按钮的图形符号

其中，复合式按钮的结构原理如图3-5所示。

按钮的类型是根据需要的触点数量、使用场所、种类及颜色等要求进行选择的。

（2）限位开关　限位开关又称位置开关，它的作用是将移动的机械位置转换成电信号，使电动机运行状态发生改变，并按一定行程实现自动停车、反转、变速或循环。限位开关有接触式和非接触式两种类型。

生产型切削数控机床的限位开关一般采用接触式限位开关，它的主要作用是保证机械运

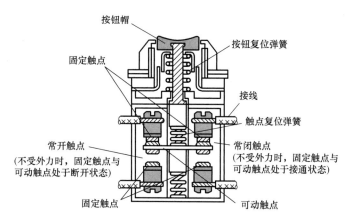

图 3-5　复合式按钮的结构原理

动不超出安全行程，从而保障数控机床的安全，这种限位开关的图
形符号如图 3-6 所示。

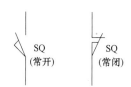

图 3-6　接触式限位
开关的图形符号

实际使用时，限位开关的选择要从以下两方面来考虑：

1）根据机械位置的安装条件，确定对限位开关的要求。

2）根据控制对象的数量，确定对开关触点数目的要求。

非接触式限位开关又称接近开关，它有一对常开触点或常闭触
点。非接触式限位开关不仅能代替有触点限位开关来完成行程控制
和限位保护（但安装位置的防护条件要好）功能，还可以用于高频计数、测速、液面控制、
零件尺寸检测、加工程序的自动衔接等许多场合。

非接触式限位开关的图形符号如图 3-7 所示。

非接触式限位开关的选用主要从以下三方面考虑：

1）安装位置的工作条件要求防水、防尘效果好。

2）价格相对接触式限位开关的要高，一般只在使
用频率高、可靠性及精度要求均较高的场合中选用。

3）按动作距离的要求选择型号、规格。

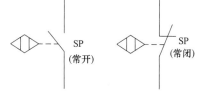

图 3-7　非接触式限位开关的图形符号

（3）脚踏开关　脚踏开关是一种特定形式的微动
开关，它是将脚踏板和微动开关组合在一起的控制电器
元件。脚踏开关一般用在液压或电动装夹工件的机床上，是为了使机床操作人员装卸工件方
便而设置的。

脚踏开关的图形符号如图 3-8 所示。

3. 熔断器

熔断器是当电路发生短路或严重过载时，其熔体自身由于发热而熔
断，从而断开电路的一种电器元件，主要用于短路保护。

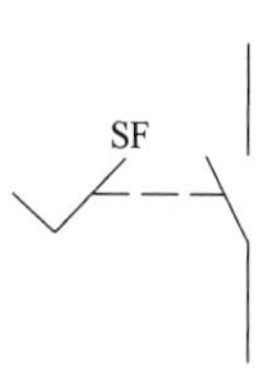

熔断器分为插入式、螺旋式和封闭管式三种类型，它一般由串联在保
护电路中的熔体和安装熔体的底座等组成。

选用熔断器时，要根据熔断器的类型、额定电压、额定电流及熔体的
额定电流等要求进行选择。熔断器的额定电压必须大于或等于熔断器工作

图 3-8　脚踏开关
的图形符号

电路的额定电压；额定电流必须大于或等于熔断器工作电路的额定电流；保护电路中使用的熔断器熔体的额定电流，一般可按电路的额定负载电流来选择。

熔断器的图形符号如图3-9所示。

4. 接触器

接触器是一种用来频繁地接通或断开带有负载（如电动机）主电路的自动控制电器元件。其工作原理是，当接触器线圈接通时，接触器触点开关动作，常开触点闭合，常闭触点断开，从而实现串接在接触器常开触点或常闭触点上回路的接通或断开的控制。

接触器分为直流、交流两种，数控机床上一般使用交流接触器。市场上常用的交流接触器主要有CJ20、CJX1、CJX2和CJ12等系列，交流接触器的实物外观如图3-10所示。

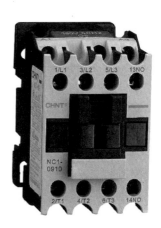

图 3-9　熔断器的图形符号

图 3-10　交流接触器的实物外观

接触器的图形符号如图3-11所示。

图 3-11　接触器的图形符号

交流接触器型号的含义如图3-12所示。

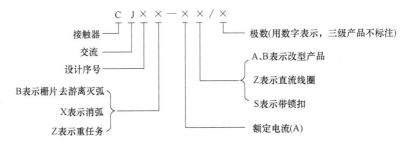

图 3-12　交流接触器型号的含义

选择交流接触器时，需要考虑吸合线圈的额定电压，主触点的额定电压、额定电流，辅助触点的数量及类型、使用频率等。

交流接触器主触点的额定电压一般有 500V 和 380V 两种，负载回路的额定电压应小于或等于主触点的额定电压。接触器主触点的额定电流应大于或等于负载回路的额定电流。

接触器线圈的电流种类和电压等级应与控制回路等同。触点数量应满足控制支路数的要求，触点种类应满足控制电路的功能要求。

5. 继电器

继电器是一种根据电量参数（电压、电流）或非电量参数（时间、温度、压力等）的变化自动接通或断开小电流的控制电路，从而实现控制和保护任务的自动控制电器元件。

（1）中间继电器　中间继电器的主要作用是，当其他电器的触点数量或触点容量不够用时，可借助中间继电器来增加它们的触点数量或触点容量，以达到中间信号的转换和放大作用。中间继电器的工作原理与接触器基本相同，与接触器相比，继电器的触点分断能力弱、体积小、质量小、结构简单、反应灵敏、动作准确、工作可靠。中间继电器的实物如图3-13 所示。

中间继电器的图形符号如图 3-14 所示。

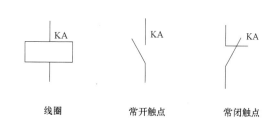

图 3-13　中间继电器实物图

图 3-14　中间继电器的图形符号

中间继电器的型号含义如图 3-15 所示。

常用的中间继电器有 JZ7、JZ8 等系列，它的触点较多，一般有 8 对，可组成 4 对常开、4 对常闭或 6 对常开、2 对常闭或 8 对常开几种形式，适用于交流电压 380V、电流 5A 以下的控制电路。中间继电器主要依据被控制电路的电压等级，触点的数量、种类及容量来选用。

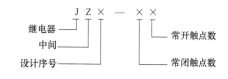

图 3-15　中间继电器的型号含义

（2）时间继电器　继电器线圈得电后，经过一定的延时后，触点才动作的继电器称为时间继电器。时间继电器有通电延时型和断电延时型两种。通电延时时间继电器是线圈通电，触点延时动作；断电延时时间继电器是线圈断电，触点延时动作。

时间继电器的线圈一般接在较低电压或较小电流的电路中，它是用来接通或切断较高电压、较大电流的电路的电器元件。

时间继电器的图形符号如图 3-16 所示。

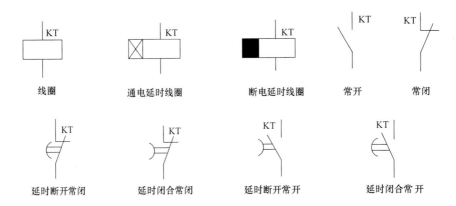

线圈　　　　通电延时线圈　　　　断电延时线圈　　常开　　　常闭

延时断开常闭　　　延时闭合常闭　　　延时断开常开　　　延时闭合常开

图 3-16　时间继电器的图形符号

选择时间继电器时，应考虑延时触点的延时方式、数目。

（3）热继电器　热继电器的作用是进行过载保护，其图形符号如图 3-17 所示。

热继电器由于灵敏度不高，当电路短路时不能立即动作切断电路。因此，不能用作短路保护。

常用的热继电器有 JR10、JR20 系列。热继电器的整定电流一般应该调节到与电动机额定电流相等，以便能更好地起到过载保护作用。

6. 控制变压器

控制变压器是一种将某一电压值的交流电转换成频率相同、电压值不同的交流电的电器元件，常用的有三相变压器和单相变压器，它们的图形符号如图 3-18 所示。

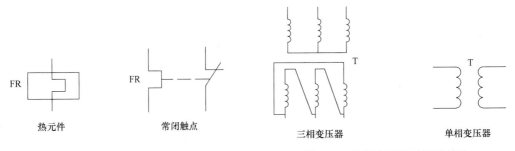

FR　热元件　　　　FR　常闭触点　　　　三相变压器　　　　单相变压器

图 3-17　热继电器的图形符号　　　　图 3-18　控制变压器的图形符号

7. 直流稳压电源（开关电源）

直流稳压电源的作用是将频率和电压不稳定的交流电源转变成电压稳定的直流电源，它的实物外形如图 3-19 所示。

数控系统使用的 DC24V 电源一般都是经过直流稳压电源转换后输出的，选择直流稳压电源时需要考虑电源的输出电压路数、电源的尺寸、工作环境等条件。直流稳压电源的图形符号如图 3-20 所示。

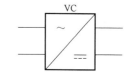

图 3-19　直流稳压电源实物外形　　　　　图 3-20　直流稳压电源的图形符号

（电压微调开关）

从直流稳压电源输出的电压可以通过接线端子旁边的电压微调开关，用十字螺钉旋具旋转进行小范围微调。

3.1.2　数控机床电气原理图分析

1. 电气原理图阅读和分析的步骤

（1）分析主电路　所谓主电路，就是从电源到电动机绕组的大电流通过的电路，根据每台电动机和执行电器的控制要求来分析电动机的起动、转向控制、调速、制动。

（2）分析控制电路　所谓控制电路，就是由接触器、继电器的线圈和触点，以及热继电器、按钮的触点等构成的回路。在分析控制电路时，可以根据主电路中各电动机等执行电器的控制要求，按功能不同将控制线路拆解开来逐个分析透彻。

（3）分析联锁与保护电路　分析控制线路中的电气保护环节和必要的电气联锁。

（4）分析辅助电路　主要是分析电源指示灯、各执行元器件的工作状态显示、参数测定、照明和故障报警等辅助电路。

在分析数控机床整个电气原理图时，应从整体角度检查分析整个主电路和控制电路，理解各个控制环节之间的联系。

2. 电气控制线路分析

如图 3-21 所示，左边为主电路，右边为控制电路。当按下电动机正转起动按钮 SB2 时，KM1 线圈得电，它的三对常开触点闭合，接通主电路中的电动机正转回路，使得电动机正转；KM1 还有一对常开触点与 SB2 并联，当手松开 SB2 复位后，能保持 KM1 线圈继续得电；KM1 另有一对常闭触点与 KM2 线圈串联，在 KM1 线圈得电，电动机正转回路接通的情况下，KM2 的线圈永远也不会接通，从而实现电动机正反转回路的互锁，这样就能保

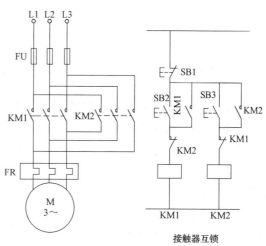

图 3-21　电动机正反转控制原理图

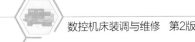

证主电路不会出现短路的危险。

当按下 SB3 电动机反转起动按钮时，其实现反转的工作原理与正转起动一样，KM2 的常闭触点串联在 KM1 线圈回路中，也是为了实现电动机正反转回路的互锁，起着安全保护的作用。

当按下 SB1 停止按钮时，KM1 线圈或 KM2 线圈失电，主电路中的正转或反转回路就会断开，实现电动机停止。

在主电路中，KM1 和 KM2 触点前接有熔断器 FU，在电动机前接有热继电器，它们的作用都是在主电路过载时对其起保护作用。

3.2 电气线路的安装

3.2.1 数控机床电气原理图

1. 绘制电气原理图的基本规则

1）电气原理图一般分为主电路、控制电路和辅助电路，控制电路、辅助电路中通过的电流较小。在原理图中，各电器元件不画实际的外形图，而采用国家标准规定的图形符号来画，文字符号也要符合国家标准。同一电器的各个部件可以不画在一起，但必须采用同一文字符号标明。若有多个同一种类的电器元件，可在文字符号后加上数字序号来区分，如 SB1、SB2。

2）元器件和设备的状态可变动部分，通常是以元器件在没有通电和外力作用下的自然状态画出。对于接触器、电磁式继电器等，是指其线圈未加电压的状态；而对于按钮、限位开关等，则是指其未被压合的状态。

3）原理图中，如果交叉导线在连接点电路是联通的，则要用黑圆点表示。交叉导线若在交叉处没有黑圆点，则说明连接点处各电路没有联通。

4）原理图中，无论是主电路还是辅助电路，各电器元件一律都是按动作顺序从上至下，从左到右依次排列，呈水平或垂直布置。

2. 图面区域的划分

数控机床电气原理图需要表达的内容较多，相应的页码也较多，为了表示清楚各页码之间电路的关系，每页都由横向和纵向区域构成的电路内容，以及告知页码和设备名称等信息的标题栏构成。

图面分区时，一般竖边从上到下用拉丁字母，横边从左到右用阿拉伯数字分别编号。分区的代号用该区域字母和数字表示。图区横向编号下方的"电源输入端子"等字样，表明它对应的下方元件或电路的功能，这样标记更方便读图人员理解对应电路的工作原理。

3. 符号位置的索引

在数控机床电气原理图中，按钮开关等单一作用的元器件不会与其他电路发生直接关联。但对于有复合关联作用的元器件，如继电器、接触器的线圈电路，控制触点电路的各关联元器件的电路图，因为其分散区域较大，为了能清楚地表达各相关电路之间的联系，在继电器、接触器的线圈文字符号下方，要清楚标注其触点位置的索引；而在触点文字符号下方，则要标明其线圈位置的索引。

符号位置的索引，采用图号、页次和图区编号的组合索引法，如图 3-22 所示。

图号
页次
区号

图 3-22　符号位置的索引表示法

本书后面内容涉及的设备电气图、地址分配及功能编辑，都是以亚龙 569A 型教学维修实训台作为例证进行说明的。其电气原理图执行机械行业标准 JB/T 2740—2008 的"项目代号四段标志法"，第一段高层代号前缀符号为"="，如="D00"；第二段位置代号前缀符号为"+"，如"+A1"；第三段种类代号前缀符号为"-"，如"-QF1"；第四段端子代号前缀符号为"："，如"：10"。其代号含义：B 为总体设计布局及安排，接线板互连图；D 为电源系统，交流驱动系统；N 为直流控制系统；P 为交流控制系统。

3.2.2　电气线路的安装与调试

1. 主电路电气原理图分析

三相五线制 AC 380V 电流经车间供电箱接至设备电源总接口处，如图 3-23 所示的电源输入端子，L1、L2、L3 经过设备总电源的三极组合开关 QS0，到达 1L1、1L2、1L3；经过漏电保护自动断路器 QF1，到达 2L1、2L2、2L3；又经过短路保护熔断器 FU1，到达 3L1、3L2、3L3；再经过载保护自动断路器 QF2，到达 L11、L12、L13，从这到接到 D01/1 页的 B2 区，而且在 QS0 前，L1 和 N 接至 D00/2 页的 B2 区。

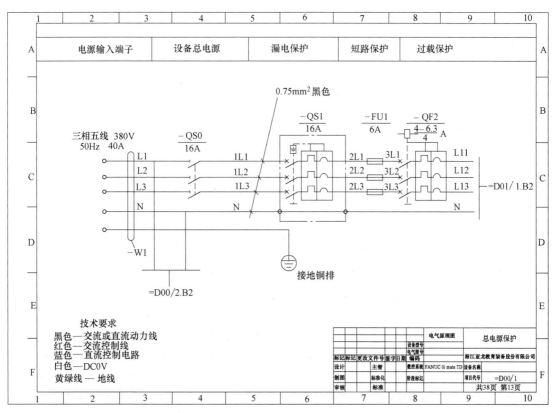

图 3-23　总电源保护电气原理图

在图 3-24 中，L11、L12、L13 三相 AC 380V 从 D00/1 页的 C9 区接过来，在上面并联接有自动断路器 QF5，然后到 U11、V11、W11；再通过线圈位于 P02/1 页 D7 区的交流接触器 KM1 的常开触点，最后与冷却电动机接通；在 L11、L12、L13 上并联接有自动断路器 QF3，到达 U21、V21、W21，从这接到 P00/1 页 E4 区的主轴控制变频器。在 KM1 触点旁并联接有灭弧器 FV11，以防 KM1 触点接通或断开瞬间产生电弧，对电路产生不利影响。

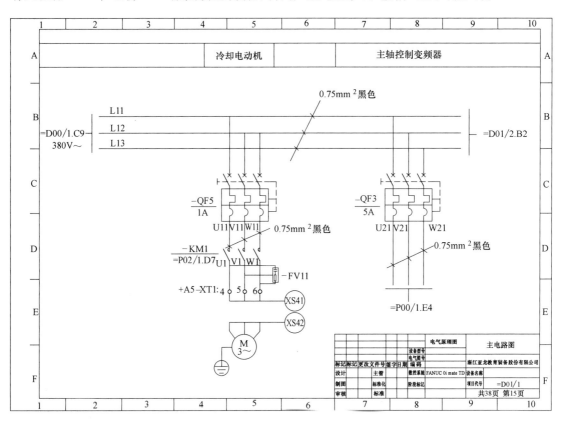

图 3-24　主电路图

在图 3-25 中，L11、L12、L13 三相 AC 380V 从 D01/1 页的 B9 区接过来，在上面串联接有自动断路器 QF4，然后到 U31、V31、W31；经过三相变压器 TC1 到 U32、V32、W32，把 AC 380V 转为 AC 230V；再经过线圈位于 P02/1 页 D4 区的交流接触器 KM2 的常开触点，到达 U3、V3、W3，从这接到 P01/1 页 B3 区和 P01/2 页的 B3 区，给伺服提供主电源；从 L11、L13 并联接有自动断路器 QF9，到达 U41、W41；AC 380V 经过变压器 TC2 分别转为 AC 220V 和 AC 110V，AC 220V 到达 U42、W42，接至 P03/1 页的 B2 区，AC 110V 到达 U43、W43，接至 P02/1 页的 B2 区。

在图 3-26 中，L11、L12、L13 三相 AC 380V 从 D01/2 页的 B9 区接过来，在上面串联接有自动断路器 QF6，然后到 U51、V51、W51；再通过线圈位于 P02/2 页 D4 区的交流接触器 KM3 的常开触点，到达 U52、V52、W52，最后与刀架电动机接通；U51、V51、W51 并联接有线圈位于 P02/2 页 D7 区的交流接触器 KM4 的常开触点，然后，其中两相互换接至 W52、V52、U52 节点上，从而实现刀架电动机的反转动作。在 KM3 和 KM4 触点旁 U52、V52、

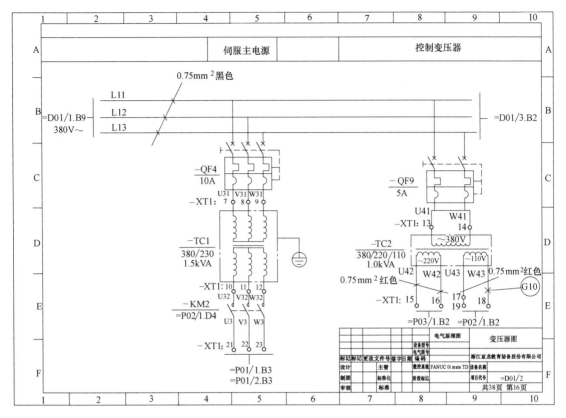

图 3-25　变压器图

W52 上并联接有灭弧器 FV41，以防 KM3 和 KM4 触点接通或断开瞬间产生电弧，对电路产生不利影响。

2. 控制电路电气原理图分析

在图 3-27 中，AC 110V 的 U43、W43 从 D01/2 页的 E9 区接过来，并联接有 MCC 回路，其中 U43 串联接至 P01/1 页的 C4 区对应的 X 驱动器 MCC 的 CX29 接口上，接口 CX29 在驱动器内部为常开触点，只有当急停 G8.4 信号为高电平时，驱动器内部 CX29 常开触点才闭合；同理，从 X 轴的 CX29 常开触点接过来的节点 1，又经过同样原理的 Z 轴 CX29 常开触点，到达节点 3，串联接上接触器 KM2 的线圈，最后与 W43 形成回路，KM2 线圈的触点位置在 D01/2 页 E5 区，该触点可以控制 230V 的伺服主电源进驱动器；U43、W43 同时并联接有冷却控制电路，U43 串联接至线圈位置在 N00/1 页 D2 区的触点上，然后到达节点 4，后面再串联接上接触器 KM1 的线圈，最后与 W43 形成回路，KM1 的触点位置在 D01/1 页 E5 区，该触点可以控制冷却电动机电源的通断；KM1、KM2 的线圈上分别并联接有灭弧器 FV1 和 FV2。

在图 3-28 中，AC 110V 的 U43、W43 从 P02/1 页的 B8 区接过来，并联接有刀架正转控制电路，其中 U43 串联接至线圈位置在 N00/1 页 E8 区 KA7 对应的触点上，到达节点 27，再经过线圈位置在 P02/2 页 D7 区 KM4 相应的常闭触点，到达节点 22，串联接上接触器 KM3 的线圈，最后与 W43 形成回路；U43、W43 同时又接有刀架反转控制回路，U43 串联

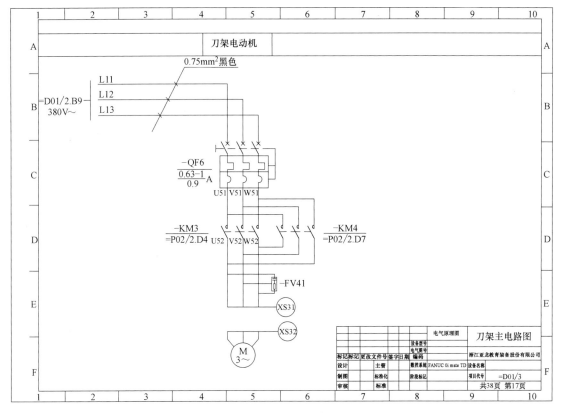

图 3-26　刀架主电路图

接至线圈位置在 N00/1 页 E9 区 KA8 对应的触点上，到达节点 28，再经过线圈位置在 P02/2 页 D4 区 KM3 相应的常闭触点，到达节点 23，串联接上接触器 KM4 的线圈，最后与 W43 形成回路。

　　这里刀架正转回路里 KM3 的一对常闭触点串联接在刀架反转回路中，是为了保证刀架正转时刀架反转回路不能导通，实现互锁；同理，KM4 的一对常闭触点串联接在刀架正转回路里，也是为了保证刀架反转时，刀架正转回路不能导通，从而实现互锁。KM3、KM4 的线圈上分别并联接有灭弧器 FV3 和 FV4。

　　在图 3-29 中，DC 24V 的 1 和 5 从 P03/1 页的 E4 区接过来，5 接到系统起动电路中 NC "OFF" 的常闭开关按钮 SB1 上，经过 11 接到 NC "ON" 的常开开关按钮 SB2 上，再经过 12 接到 KA9 的线圈上，最后与节点 0 连接形成系统起动回路。KA9 的其中一对常开触点接到了 N01/1 页 C4 区，与 SB2 并联，当按下 NC "ON" 的按钮 SB2 时，KA9 线圈得电，与 SB2 并联的常开触点闭合，松开 SB2 后，KA9 继续得电，它的连接至 P03/1 页 D9 区的常开触点就会一直处于闭合状态，使得系统的电源一直保持接通，系统正常工作，直至按下按钮 SB1，系统电源关断。

　　线号 5 又并联接到急停控制回路中的急停按钮常闭触点上，急停按钮经过 13 连接到急急停继电器 KA10 的线圈上，然后连接到节点 0，形成急停控制回路，其中 KA10 的触点分别连接到 P01/1 页 D4 区和 N00/8 页 D7 区。

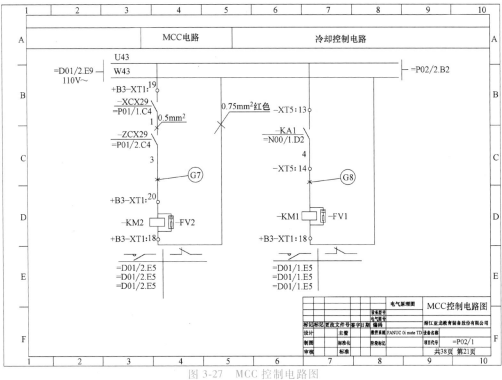

图 3-27　MCC 控制电路图

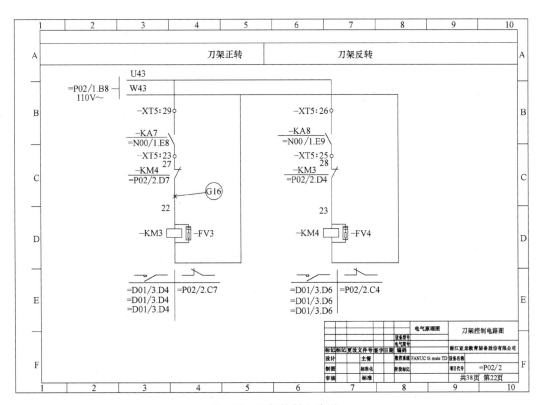

图 3-28　刀架控制电路图

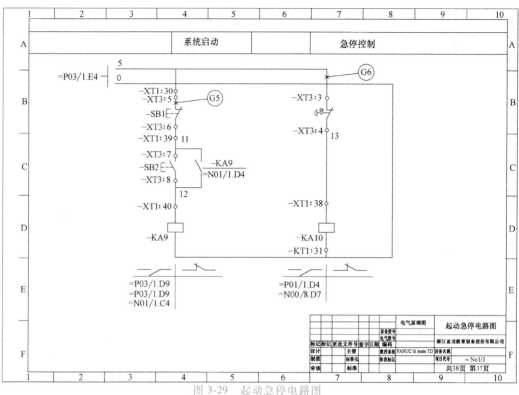

图 3-29　起动急停电路图

3. 电气原理图中信号的地址

YL-569A 型 0i mate TD 数控车床实训设备控制柜原理图中的输入信号地址见表 3-1。

表 3-1　输入信号地址

序号	地址	含义	序号	地址	含义
1	X0.0	手轮 Z	29	X7.0	* 0V1
2	X0.1	返回参考点	30	X7.1	* 0V2
3	X0.2	手动选刀	31	X7.2	* 0V4
4	X0.3	选择停止	32	X7.3	* 0V8
5	X0.4	F1	33	X7.4	* 0V16
6	X0.5	手轮 X	34	X7.5	润滑
7	X0.6	F0/ * 1	35	X7.6	Z→
8	X0.7	单段	36	X7.7	运屑器正转
9	X1.0	跳步	37	X8.2	备用
10	X1.1	手动	38	X8.4	ESP 急停
11	X1.2	自动	39	X8.6	备用
12	X1.3	25%/ * 10	40	X9.0	备用
13	X1.4	空运行	41	X10.0	X↑
14	X1.5	机床锁住	42	X10.1	运屑器反转
15	X1.6	MDI	43	X10.2	Z←
16	X1.7	50%/ * 100	44	X10.3	运屑器停止
17	X2.0	100%/ * 1000	45	X10.4	X↓
18	X2.1	程序重启	46	X10.5	快移
19	X2.2	循环启动	47	X10.6	套筒进退
20	X2.3	进给保持	48	X10.7	* 0PV1
21	X2.4	数据保护	49	X11.0	* 0PV2
22	X2.5	编辑	50	X11.1	* 0PV4
23	X2.6	中心架	51	X11.2	主轴停止
24	X2.7	液压气动	52	X11.3	主轴点动
25	X3.0	T1	53	X11.4	冷却
26	X3.1	T2	54	X11.5	主轴正传
27	X3.2	T3	55	X11.6	主轴反转
28	X3.3	T4	56	X11.7	卡盘卡紧

输出信号地址见表3-2。

表3-2 输出信号地址

序号	地址	含义	序号	地址	含义
1	Y0.0	F0/＊1	21	Y3.2	绿灯
2	Y0.1	25%/＊10	22	Y3.3	红灯
3	Y0.2	手轮X	23	Y3.6	主轴反转
4	Y0.3	循环启动	24	Y3.7	主轴正转
5	Y0.4	中心架	25	Y6.0	选择停止
6	Y0.5	返回参考点	26	Y6.1	手动选刀
7	Y0.6	手动	27	Y6.2	机床锁住
8	Y0.7	100%/＊1000	28	Y6.3	X轴回零
9	Y1.0	单段	29	Y6.4	F1
10	Y1.1	空运行	30	Y6.5	运屑器正转
11	Y1.2	自动	31	Y6.6	冷却灯
12	Y1.3	Z轴回零	32	Y6.7	程序重启灯
13	Y1.4	MDI	33	Y7.0	手轮Z灯
14	Y1.5	跳步	34	Y7.1	进给保持灯
15	Y1.6	编辑	35	Y7.2	主轴正转灯
16	Y1.7	50%/＊100	36	Y7.3	润滑灯
17	Y2.2	刀架正转	37	Y7.4	主轴反转灯
18	Y2.3	刀架反转	38	Y7.5	液压起动灯
19	Y2.7	冷却	39	Y7.6	卡盘卡紧灯
20	Y3.1	黄灯	40	Y7.7	套筒进退灯

4. 电气线路的装调

数控机床电气线路的装调方法与步骤如下：

1）按负载及工作环境等使用要求选取电气元器件。

2）在电气柜中找到各电气元器件的合适安装位置，并将其安装好。

3）在各电气元器件之间安装大小合适的线槽。

4）按负载计算导线的横截面尺寸，也可以用计算结果核实一下设计好的电气原理图上的标注。

5）以各连接点之间的距离长度裁剪导线。

6）按电气原理图标注给裁剪好的导线套上线号。

7）给接头处的导线剥开绝缘胶皮，剥开长度以线鼻子接合长度为准，并在剥开绝缘胶皮的地方，用压线钳压上线鼻子。

8）按电气原理图接线，并把线号捋到接线端口位置附近，以方便调试维修。

9）用万用表检查各相线之间是否有短路情况，接地是否良好。

10）从前面的电源开关开始，逐步往后通电，同时逐个测量检查各元器件接线情况，并保证系统电源正常。

11）启动系统，在确保系统参数和PMC程序调试到位后，以MDI方式及手动方式运行数控机床的各个功能，同时检查各控制电路的接线情况。

12）确定电气线路连接正常后，把各管线整齐地放进线槽中，盖上线槽盖即可。

5. 电气线路装调的注意事项

1）接线时，要用螺钉压实，特别是负载较大的主电路，接合不实处会形成局部大电阻，容易造成火灾等情况，但也不能太过用力，这样容易损坏连接的螺纹结构。

2）要严格按照电气原理图给各部分做接地处理，而且接地要良好，接地非常重要，它既是设备和操作人员的安全保障，又是有些信号屏蔽干扰的有效措施。

3）线的颜色选取要尽量遵循电气原理图上的要求，这样方便后面的调试与维修工作，特别是地线，一般都是使用黄绿相间的导线，这种颜色醒目、标志性强。

4）装调刀架正反转控制电路时要注意，因为机械结构反转到位后不能再继续反转，否则会损坏刀架电动机或机械结构，所以在换刀时，若出现正转没有动作，有可能是连接刀架电动机的导线相序不对，需要交换正反转控制接触器触点的相序，不能让刀架电动机长时间处于反转状态。

3.2.3　系统启动电路的安装与调试

系统启动是数控机床工作的第一步，对启动电路来说，一般都用带复位的常开触点按钮作为启动开关，用带复位的常闭触点按钮作为关机开关。ON/OFF 电路如图 3-30 所示，当启动按钮 SA1 被按下时，KA1 线圈得电，KA1 的一对常开触点闭合，接通 DC 24V 电源进 CNC 系统工作，与 SA1 并联的 KA1 的另一对常开触点也闭合，在手松开 SA1 复位后，能保持 KA1 线圈继续得电，从而使得进 CNC 系统的 DC 24V 电源一直处于接通状态。

（2）系统启动故障分析

当按下关机按钮 SA2 时，KA1 线圈失电，KA1 触点断开，接通 DC 24V 电源进CNC 系统的回路就被断开，从而实现关机。

电源要求：DC（24±10%）V（21.6～26.4V），电路的 CP1 引脚定义（1—24V，2—0V，3—地线）。

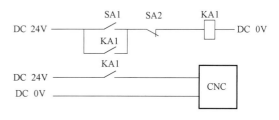

图 3-30　ON/OFF 电路

系统启动电路在安装连接后，进系统的电源接头先不要与系统连接，按下开机按钮SA1，用万用表测量电压大小和电流方向都没有问题后，再按关机按钮 SA2，插上进系统电源接头，然后再开机。

3.3　变频器的装调

把电压和频率固定不变的交流电变换为电压或频率可变的交流电的装置称为变频器，它主要由整流器（交流变直流）、滤波器、逆变器（直流变交流）、制动单元、驱动单元、检测单元、微处理单元等组成。

变频器是由计算机控制大功率开关器件，将工频交流电变为频率和电压可调的三相交流电的电气设备。它由主电路和控制电路两大部分组成，主电路包括整流及滤波电路、逆变电路、制动电阻和制动单元；控制电路包括计算机控制系统、键盘与显示、内部接口及信号检测与传递、供电电源和外接控制端子等。

数控机床模拟量主轴一般采用变频器作为主轴转速和转向的控制单元。下面以亚龙569A 型数控车维修实训台使用较多的三菱 E700 为例，说明其接线、调试方法和调试步骤。

3.3.1 变频器接线

三菱 E700 变频器接线图如图 3-31 所示。

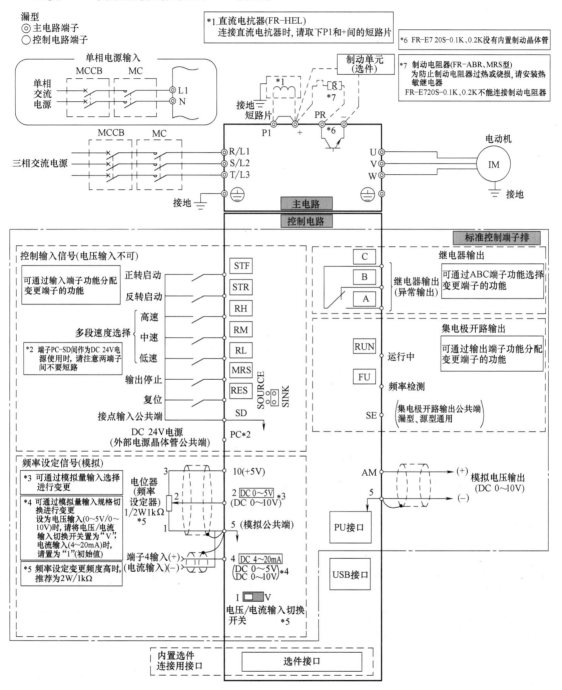

图 3-31　三菱 E700 变频器接线图

1）变频器主电路数控机床使用的端子 R/L1、S/L2、T/L3 为交流电源输入，连接工频电源；U、V、W 为变频器输出，连接三相笼型电动机（这里是机床主轴电动机）。

数控机床装调与维修 第2版

2）变频器控制电路数控机床使用的端子 STF 为正转起动，STR 为反转起动，SD 为接点输入公共端，它们接机床 PMC 控制主轴正、反转输出的继电器触点；2 为频率设定（电压），5 为频率设定公共端，它们接 NC 系统 JA40 输出转速对应的 0～10V 模拟电压。

不同型号的变频器，其模拟电压、正反转及报警信号的接线端子区别较大。表 3-3 中所列为几种常见变频器的信号对照。

表 3-3　几种常见变频器的信号对照

三菱	5	2	C	B	SD	STF	STR
明电舍	COM	FSV	FC	FB	RYO	RUN	PS11
南昱	L	H	ALO	AL1	CM1	FW	REV
东元	VIN	GND	R1B	R1C	24VG	FWD	REV

3.3.2　变频器的调试方法与步骤

三菱 E700 变频器操作面板上各按钮的含义如图 3-32 所示。

运行模式显示
PU: PU运行模式时亮灯
EXT: 外部运行模式时亮灯
NET: 网络运行模式时亮灯
PU、EXT: 外部/PU组合运行模式
1、2时亮灯

单位显示
-Hz: 显示频率时亮灯
-A: 显示电流时亮灯
(显示电压时熄灯，显示设定频率
监视时闪烁)

监视器(4位LED)
显示频率、参数编号等

M旋钮
(M旋钮: 三菱变频器的旋钮)
用于变更频率设定、参数的设定值
按该旋钮可显示以下内容:
- 监视模式时的设定频率
- 校正时的当前设定值
- 错误历史模式时的顺序

模式切换
用于切换各设定模式
和 (PU/EXT) 同时按下也可以用来切换
运行模式
长按此键(2s)可以锁定操作

各设定的确定
运行中按此键则监视器显示以下内容:
运行频率 → 输出电流 → 输出电压

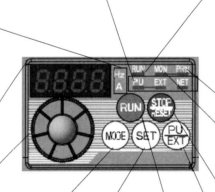

运行状态显示
变频器动作中亮灯/闪烁
* 亮灯: 正转运行中
缓慢闪烁(1.4s循环): 反转运行中
快速闪烁(0.2s循环):
· 按(RUN)键或输入启动指令都
无法运行时
· 有启动指令，频率指令在启动
频率以下时
· 输入了MRS信号时

参数设定模式显示
参数设定模式时亮灯

监视器显示
监视模式时亮灯

停止运行
停止运转指令
保护功能(严重故障)生效时，也可
以进行报警复位

运行模式切换
用于切换PU/外部运行模式
使用外部运行模式(通过另接的频率
设定旋钮和启动信号启动的运行)时
请按此键，使表示运行模式的EXT
处于亮灯状态
(切换至组合模式时，可同时按
(MODE)(0.5s)，或者变更参数Pr.79)
PU: PU运行模式
EXT: 外部运行模式
也可以解除PU停止

启动指令
通过Pr.40的设定，可以选择旋转
方向

图 3-32　三菱 E700 变频器操作面板介绍

变更参数的方法如下：

1）按"PU/EXT"键，进入 PU 运行模式。

2）按"MODE"键，进入参数设定模式。

3）旋转"M"旋钮，找出需要修改的参数号。

4）按"SET"键，读取当前的设定值。

5）旋转"M"旋钮，通过 LED 显示，设定成需要的值。

6）按"SET"键确认即可。

三菱 E700 变频器基本参数的含义见表 3-4。

表 3-4　三菱 E700 变频器基本参数的含义

参数号	名　称	单位	初始值	范围	用　途
0	转矩提升	0.1%	6%/4%/3% *	0~30%	V/F 控制时，在需要进一步提高起动时的转矩，以及负载后电动机不转动，输出报警（OL）且（OC1）发生跳闸的情况下使用 * 初始值根据变频器容量不同而不同（0.75kVA 以下/1.5~3.7kVA/5.5kVA，7.5kVA）
1	上限频率	0.01Hz	120Hz	0~120Hz	设置输出频率的上限时使用
2	下限频率	0.01Hz	0Hz	0~120Hz	设置输出频率的下限时使用
3	基准频率	0.01Hz	50Hz	0~400Hz	确认电动机的额定铭牌
4	三速设定（高速）	0.01Hz	50Hz	0~400Hz	用参数预先设定运转速度，用端子切换速度时使用
5	三速设定（中速）	0.01Hz	30Hz	0~400Hz	
6	三速设定（低速）	0.01Hz	10Hz	0~400Hz	
7	加速时间	0.1s	5s/10s *	0~3600s	可以设定加减速时间。* 初始值根据变频器容量不同而不同（3.7kVA 以下/5.5kVA、7.5kVA）
8	减速时间	0.1s	5s/10s *	0~3600s	
9	电子过电流保护	0.01A	变频器额定电流	0~500A	用变频器对电动机进行热保护，设定电动机的额定电流
79	操作模式选择	1	0	0、1、2、3、4、6、7	选择起动指令场所和频率设定场所
125	端子 2 频率设定增益	0.01Hz	50Hz	0~400Hz	改变电位器最大值（初始值为 5V）的频率
126	端子 4 频率设定增益	0.01Hz	50Hz	0~400Hz	可变更电流最大输入（初始值为 20mA）时的频率
160	扩展功能显示选择	1	9999	0、9999	可以限制通过操作面板或参数单元读取的参数

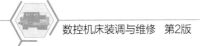

3.4　思考题

1. 互锁电路的作用是什么？哪些电路中需要进行互锁？

2. 热继电器的作用是什么？它与熔断器有何区别？

3. 如何控制数控机床模拟量主轴的转速？三菱变频器的正反转控制接口在哪里？

第4章

系统装调

【本章内容及学习目的】 本章详细介绍了 FANUC 数控系统的结构特点、接口定义；各硬件模块的作用及其之间的连接方式；CNC 参数的含义；PMC 常用指令的用法及信号含义；系统数据备份和恢复的方法。通过学习本章，学生应熟练掌握 FANUC 数控系统安装和调试的方法和步骤，学会数控机床基本功能的参数和 PMC 程序分析方法和思路，为后面学习故障诊断和维修做好准备。

计算机数控（CNC）系统是在早期硬件数控（NC）的基础上发展起来的。它由硬件和软件两部分组成，硬件在软件的支持下进行工作。数控系统能完成管理数据系统的输入、数据处理、插补运算和信息输出，并能控制执行部件，使数据机床按照操作者的要求有条不紊地实现加工。

目前，市场上成熟的数控系统种类繁多，典型的有如图 4-1 所示的日本 FANUC 系统、如图 4-2 所示的德国 SINUMERIK 系统、如图 4-3 所示的中国武汉华中系统等。

图 4-1 FANUC 系统

图 4-2 SINUMERIK 系统

图 4-3 武汉华中系统

4.1 FANUC 数控系统概述

日本 FANUC 公司是自 1965 年开始，一直专门研发和生产工厂自动化产品 CNC 的企业，其发展时间早、规模大，生产的 FANUC 数控系统技术成熟、性能稳定，在世界各地拥有的用户量庞大。

下面有关数控系统的知识就以应用最广泛的 FANUC 数控系统为例进行讲解。

4.1.1 FANUC 数控系统的类型

20 世纪 90 年代，FANUC 公司逐步推出了 0i 等系列的数控系统，至今为止，FANUC 研发生产的数控系统的种类较多，表 4-1 中所列为现在市场上有代表性的几种 FANUC 数控系统的性能及适用范围。

表 4-1　几种 FANUC 数控系统的性能及适用范围

系统类型	性能	型号	适用的机床
0C/D 系列	全功能大板结构，高可靠性硬件、高精、高速	FANUC Series 0C/D	适用于多种通用型机床
0i 系列	高可靠性、高性价比、模块化、紧凑型	FANUC Series 0i/0i Mate-MODEL D	适用于通用型机床
16i 系列	应用范围广泛、功能强大的高速、高精度纳米级	FANUC Series 16i/18i/21i-MODEL B	适用于普通的、标准的加工中心和车床
30i	针对高度复合型机床的多轴多系统控制的纳米级	FANUC Series 30i/31i/32i-MODEL A	适用 5 轴联动机床、复合型机床、多系统车床等先进机床

FANUC 数控系统型号含义如图 4-4 所示。

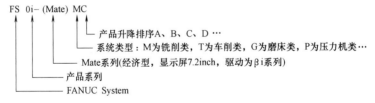

图 4-4　FANUC 数控系统型号含义

4.1.2 FANUC 0i/0i Mate 数控系统的特点

2003 年至 2004 年，FANUC 公司针对中国市场推出了 FANUC 0iB（CNC 系统与显示器分开的分离型）系列，以及 FANUC 0iC（CNC 系统与显示器一体的集成型）系列；2008 年又在 FANUC 0iC 的基础上推出了 FANUC 0iD 系列；然后又推出了性价比较高的、针对中国大众化市场的 0i Mate 系统。

0iA/B/C/D 几种系统的区别如下：

0iA 系统——伺服驱动与系统上接口一对一连接。

0iB 系统——伺服接口通过光缆与数控系统连接，伺服间采用级联连接。

0iC 系统——系统与显示集成在一起。

0iD 系统——集成度更高，硬件接口、接线与 0iC 系统一样，有些接口的名称有所区别。

4.2 FANUC 数控系统的连接

虽然数控系统的工作原理一样，但不同的数控系统，其构成模块特征和接口差异还是很大的。所以在对系统进行连接前，要对其各模块之间的关系及相关接口技术进行全面了解，这样才能保证系统准确无误地连接到位，这对系统安装调试和机床故障诊断维修非常重要。

下面以 FANUC 0iD 系统为例，来说明数控系统的连接。

4.2.1 数控系统主板

FANUC 0iD 系统主板综合连接关系如图 4-5 所示。

（3）CNC 系统接口连接

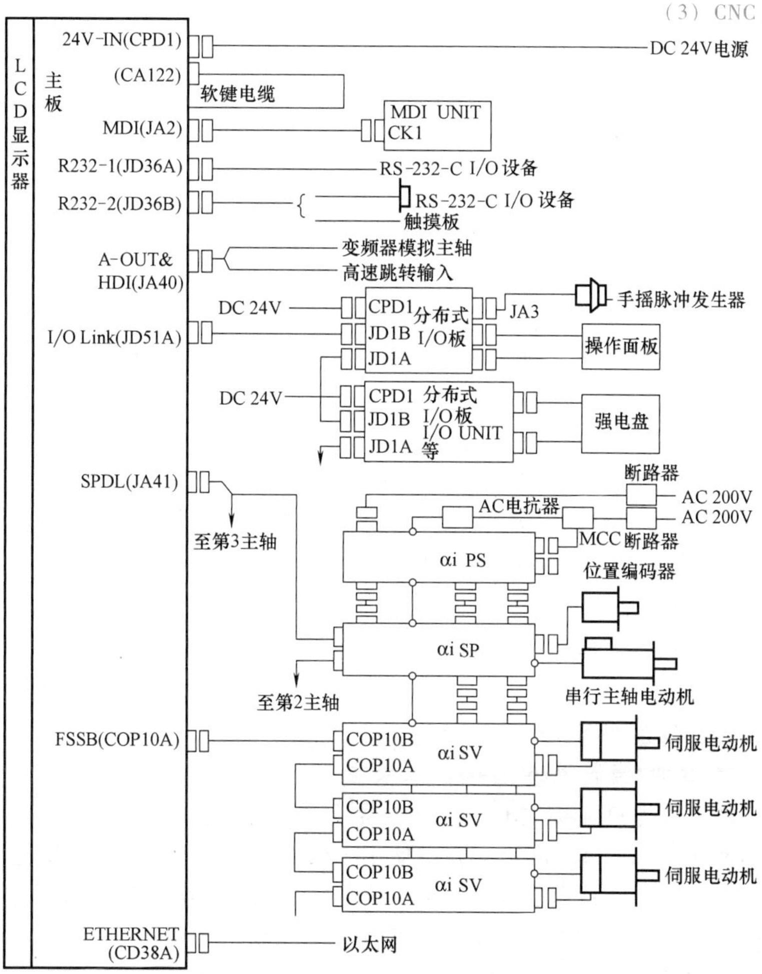

图 4-5 FANUC 0iD 系统综合连接关系图

图中数控系统主板上各接口的含义如下：

CPD1——外部提供给 CNC 工作的 24V 电源，通过该接口进系统。

CPD2——系统外部 I/O 板或 I/O Link 模块工作的 24V 电源，是通过这个接口从系统输出去的。所以，只有在系统进入正常工作状态后，I/O 模块才能正常工作，这是系统启动初始化还没结束时，机床原来存在的一些报警信号不会到达 CNC 系统的原因。

CA122——显示器下对应软键接口。

JA2——连接 MDI 操作面板接口。

JD36A/B——系统连接计算机时使用的 RS232 接口，一共有两个，一般接左边 JD36A口，右边 JD36B 为备用接口。如果不和计算机连接，则可不接此线。

COP10A——高速串行信号总线接口（FSSB，FANUC Serial Servo Bus），一共有两个，一般接左边的 COP10A-1 口，系统处理的插补、伺服坐标进给、伺服进给速度、伺服反馈等实时高速信号都是通过 FSSB 光缆来传输的，其传输速度快，抗干扰能力强。该串行信号线由 NC 系统的 COP10A 口连至第一个轴伺服放大器的 COP10B 口，再由第一个轴伺服放大器的 COP10A 口连接至下一个轴伺服放大器的 COP10B 口，依次往下，最后一个伺服放大器的 COP10A 口是空着的。

FSSB 光缆连接各伺服放大器的顺序，也就是定义第一、第二等轴是由参数 1023 决定的，如果不带电调试系统，可以把 1023 号参数改为"−128"，即可屏蔽与轴控制相关联的报警。

JA40——模拟主轴信号，当主轴使用模拟量信号时，转速 S 经 NC 处理后发送出来的 0~10V 模拟电压，经由 JA40 模拟主轴接口连接至变频器；如果使用 FANUC 的串行主轴放大器，则这个接口是空着的。

JD51A——I/O Link 的 JD51A 必须连接到 I/O 模块或机床操作面板，注意必须按照从 JD51A 到 JD1B 的顺序连接，也就是从 JD51A 出来，到 JD1B 为止，下一个 I/O 设备也是从这个 JD1A 连接到另一个 I/O 的 JD1B，如果不是按照这个顺序连接，则会出现通信错误或者检测不到 I/O 设备的问题。

系统 I/O 板综合连接如图 4-6 所示。

JA41——串行主轴/编码器的连接。如果主轴使用的是变频器，则这里连接主轴位置编码器，

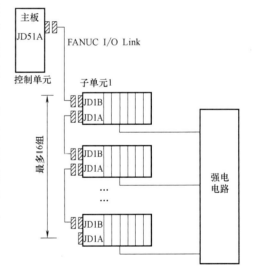

图 4-6　系统 I/O 板综合连接图

此时主轴编码器的接法如图 4-7 所示；如果使用 FANUC 的主轴放大器，则这个接口是连接放大器的指令线，而编码器连接到主轴放大器的 JYA3，此时主轴编码器的接法如图 4-8 所示。注意：这两种情况下，编码器信号线的接法是不同的。

风扇、电池、软键、MDI 等在系统出厂时都已经连接好，不要改动，但安装前可以检查在运输过程中是否有松动的地方，如果有，则需要重新连接牢固，以免出现异常现象。

FANUC 0iD 系统各种接口的实际位置如图 4-9 所示。

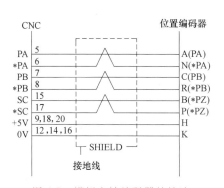

图 4-7 模拟主轴编码器的接法

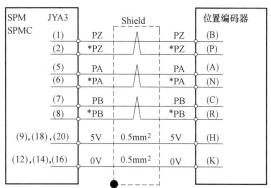

图 4-8 串行主轴编码器的接法

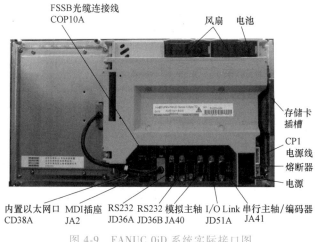

图 4-9 FANUC 0iD 系统实际接口图

4.2.2 I/O Link 的连接

（4）I/O Link 的连接

FANUC I/O Link 是一个串行接口，它可将 CNC、单元控制器、分布式 I/O、机床操作面板以及 Power Mate 连接起来，并在各设备间高速传送 I/O 信号（位数据）。当连接多个设备时，FANUC I/O Link 将一个设备认作主单元，其他设备作为子单元。子单元的输入信号每隔一定周期送到主单元，主单元的输出信号也每隔一定周期送往子单元。

对于 0i 系列，主板上的 JD51A 接口用来连接 I/O Link。I/O Link 分为主单元和子单元，主单元的 0i 系列控制单元与子单元的 I/O 相连接。子单元分为若干个组，一个 I/O Link 最多可连接 16 组子单元。

根据单元的类型以及 I/O 点的不同，I/O Link 有多种连接方式。PMC 程序可以对 I/O 信号的分配和地址进行编程，用来连接 I/O Link。

I/O Link 的两个插座分别称为 JD1A 和 JD1B，它们对所有单元（具有 I/O Link 功能）来说是通用的。电缆总是从一个单元的 JD1A 连接到下一单元的 JD1B，所以，最后一个单元的 JD1A 总是空的。

对于 I/O Link 中的所有单元来说，JD1A 和 JD1B 的管脚分配都是通用的，不管单元的类型如何，均可按照图 4-10 所示连接 I/O Link。

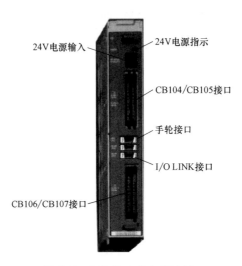

图 4-10 I/O Link 的电缆连接

需要说明的是，该系统的每组 I/O 点数最多可达 256/256 点，整个 I/O Link 的 I/O 点数最多可达 1024/1024 点。

JD1A 和 JD1B 的管脚定义如图 4-11 所示。

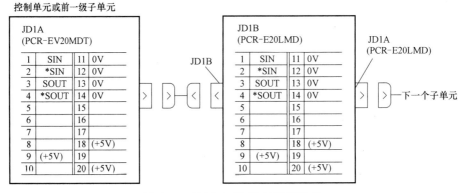

图 4-11 JD1A 和 JD1B 的管脚定义

电缆的连接如图 4-12 所示，+5V 端子用于光缆 I/O Link 适配器，用普通电缆连接时无需使用，若不用光缆 I/O Link 适配器，则无需连接+5V。

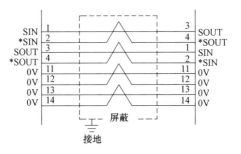

图 4-12 JD1A 和 JD1B 的电缆连接图

I/O 接口引脚分配如图 4-13 所示。插座的 B01+24V 引脚用于 DI 输入信号，其内部输出 +24V，切勿将外部+24V 电源连接到这些引脚。

	CB104 A	CB104 B		CB105 A	CB105 B		CB106 A	CB106 B		CB107 A	CB107 B
01	0V	+24V	01	0V	+24V	01	0V	+24V	01	0V	+24V
02	Xm+0.0	Xm+0.1	02	Xm+3.0	Xm+3.1	02	Xm+4.0	Xm+4.1	02	Xm+7.0	Xm+7.1
03	Xm+0.2	Xm+0.3	03	Xm+3.2	Xm+3.3	03	Xm+4.2	Xm+4.3	03	Xm+7.2	Xm+7.3
04	Xm+0.4	Xm+0.5	04	Xm+3.4	Xm+3.5	04	Xm+4.4	Xm+4.5	04	Xm+7.4	Xm+7.5
05	Xm+0.6	Xm+0.7	05	Xm+3.6	Xm+3.7	05	Xm+4.6	Xm+4.7	05	Xm+7.6	Xm+7.7
06	Xm+1.0	Xm+1.1	06	Xm+8.0	Xm+8.1	06	Xm+5.0	Xm+5.1	06	Xm+10.0	Xm+10.1
07	Xm+1.2	Xm+1.3	07	Xm+8.2	Xm+8.3	07	Xm+5.2	Xm+5.3	07	Xm+10.2	Xm+10.3
08	Xm+1.4	Xm+1.5	08	Xm+8.4	Xm+8.5	08	Xm+5.4	Xm+5.5	08	Xm+10.4	Xm+10.5
09	Xm+1.6	Xm+1.7	09	Xm+8.6	Xm+8.7	09	Xm+5.6	Xm+5.7	09	Xm+10.6	Xm+10.7
10	Xm+2.0	Xm+2.1	10	Xm+9.0	Xm+9.1	10	Xm+6.0	Xm+6.1	10	Xm+11.0	Xm+11.1
11	Xm+2.2	Xm+2.3	11	Xm+9.2	Xm+9.3	11	Xm+6.2	Xm+6.3	11	Xm+11.2	Xm+11.3
12	Xm+2.4	Xm+2.5	12	Xm+9.4	Xm+9.5	12	Xm+6.4	Xm+6.5	12	Xm+11.4	Xm+11.5
13	Xm+2.6	Xm+2.7	13	Xm+9.6	Xm+9.7	13	Xm+6.6	Xm+6.7	13	Xm+11.6	Xm+11.7
14			14			14	COM4		14		
15			15			15			15		
16	Yn+0.0	Yn+0.1	16	Yn+2.0	Yn+2.1	16	Yn+4.0	Yn+4.1	16	Yn+6.0	Yn+6.1
17	Yn+0.2	Yn+0.3	17	Yn+2.2	Yn+2.3	17	Yn+4.2	Yn+4.3	17	Yn+6.2	Yn+6.3
18	Yn+0.4	Yn+0.5	18	Yn+2.4	Yn+2.5	18	Yn+4.4	Yn+4.5	18	Yn+6.4	Yn+6.5
19	Yn+0.6	Yn+0.7	19	Yn+2.6	Yn+2.7	19	Yn+4.6	Yn+4.7	19	Yn+6.6	Yn+6.7
20	Yn+1.0	Yn+1.1	20	Yn+3.0	Yn+3.1	20	Yn+5.0	Yn+5.1	20	Yn+7.0	Yn+7.1
21	Yn+1.2	Yn+1.3	21	Yn+3.2	Yn+3.3	21	Yn+5.2	Yn+5.3	21	Yn+7.2	Yn+7.3
22	Yn+1.4	Yn+1.5	22	Yn+3.4	Yn+3.5	22	Yn+5.4	Yn+5.5	22	Yn+7.4	Yn+7.5
23	Yn+1.6	Yn+1.7	23	Yn+3.6	Yn+3.7	23	Yn+5.6	Yn+5.7	23	Yn+7.6	Yn+7.7
24	DOCOM	DOCOM	24	DOCOM	DOCOM	24	DOCOM	DOCOM	24	DOCOM	DOCOM
25	DOCOM	DOCOM	25	DOCOM	DOCOM	25	DOCOM	DOCOM	25	DOCOM	DOCOM

图 4-13 I/O 接口引脚分配图

CB104 输入单元的连接如图 4-14 所示。

CB106 输入单元的连接如图 4-15 所示。

CB104 输出单元的连接如图 4-16 所示。

4.2.3 与机床操作面板的连接

机床操作面板是机床操作人员与机床控制系统进行交流的平台。机床操作面板一般由主面板和子面板两部分组成，如图 4-17 所示，它们通过 I/O Link 与 CNC 连接。

机床操作面板与系统各部分之间的连接关系如图 4-18 所示。

机床操作面板 I/O 模块的连接如图 4-19 所示。

4.2.4 与手摇脉冲发生器的连接

手摇脉冲发生器是为用户准确、方便、快捷地控制进给位置而设定的，数控机床操作人员在手动情况下，需要随机调整刀具与工件的位置关系时，一般都会选择使用手轮方式。所

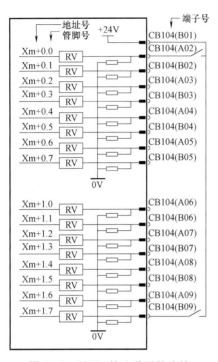

图 4-14 CB104 输入单元的连接

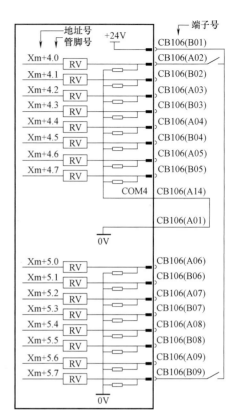

图 4-15 CB106 输入单元的连接

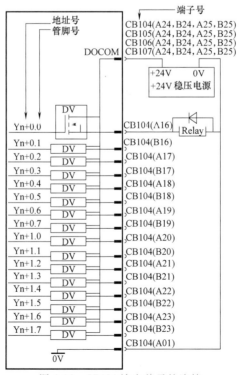

图 4-16 CB104 输出单元的连接

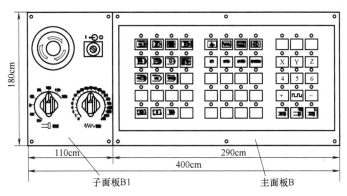

图 4-17 机床操作面板

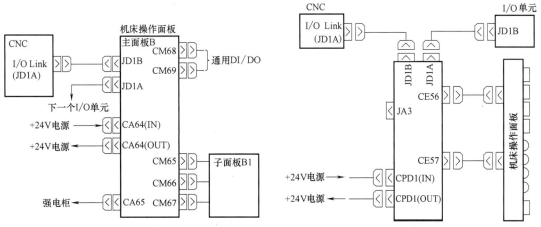

图 4-18 机床操作面板与系统各部分的连接关系

图 4-19 机床操作面板 I/O 模块连接图

以，对于数控机床，手摇脉冲发生器的连接也很重要。

大型机床有时操作位置距离操作面板很远，这时，对于手轮装在操作面板上的机床来说，操作起来很不方便。0i TD 系统最多可安装两个手摇脉冲发生器，0i MD 系统最多可安装三个手摇脉冲发生器。手摇脉冲发生器的管脚定义如图 4-20 所示。

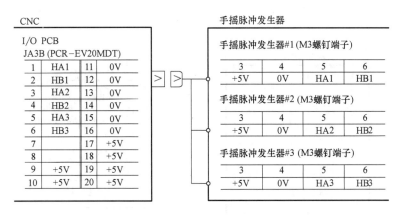

图 4-20 手摇脉冲发生器的管脚定义

手摇脉冲发生器的连接如图 4-21 所示。

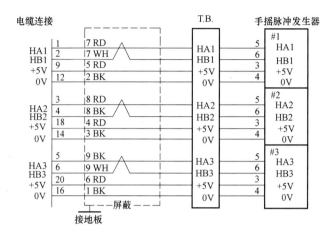

图 4-21　手摇脉冲发生器连接图

标准机床操作面板其实就是一个 96 个输入点、64 个输出点的 I/O 模块，其背面带有两个可连接手轮的接口，分别为 JA3 和 JA58。两者的不同之处：JA3 是一个可同时连接三个手轮的手轮接口，如图 4-22 所示；一般悬挂式手轮都接到 JA58，因为 JA58 只有一个手轮接入信号，其余的信号用于通用的 I/O 点，如图 4-23 所示。

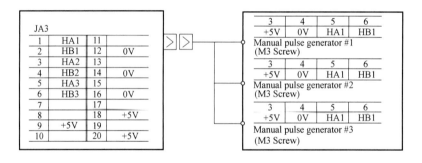

图 4-22　JA3 接口

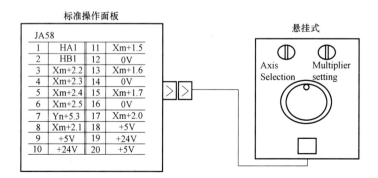

图 4-23　JA58 接口

4.2.5 急停与 MCC 的连接

1. 急停按钮

急停是数控机床操作时的重要保护功能，数控机床自动化程度和运行速度都很高，操作人员在遇到紧急情况时，一般没有时间对出现的情况做出准确判断及相应的处理。此时，为保证人身和设备安全，可以按下急停开关，中断数控机床所有正在运行的控制程序，停止危险动作，从而确保人员和设备的安全。

急停按钮一般都采用醒目的红色，其外形如图 1-18 所示。急停按钮在回路中一般都接常闭触点，按钮按下后能够锁定在断开的状态，需要旋转一定角度松手后才能复位，这种设计能防止因误动作不小心解除设备的停止状态。

2. 急停功能的使用

当急停按钮按下后，PMC 只扫描梯形图而不运行，在急停没有危险的状态下，可用于查看信号的运行情况，从而判断故障点。

急停回路在数控机床的功能调试中非常重要，无论是梯形图的编辑还是急停回路的连接，数控机床功能装调的第一步就是进行急停功能的调试，这样才能保证后面的装调环节不会出现重大失误。

急停信号可使机床进入紧急停止状态，正确使用急停信号可保证机床的安全。

急停信号通常使用按钮开关的 B 类触点，该信号输入至 CNC 控制器、伺服放大器以及主轴放大器。

当急停信号 ∗ESP（负逻辑信号）触点闭合时，CNC 控制器进入急停释放状态，伺服电动机和主轴电动机处于可控及运行状态；当该信号触点断开时，CNC 控制器复位并进入急停状态，伺服电动机和主轴电动机减速直至停止。

关断伺服放大器电源后，伺服电动机处于失电状态，它和机床掉电情况一样，垂直轴由于重力的作用仍可向下运动，此时，选用带抱闸的伺服电动机可以解决这个问题。

当主轴电动机正在运转时关断电动机动力电源，主轴电动机由于惯性会继续转动，这样很危险。所以，当急停信号 ∗ESP 触点断开时，必须确认主轴电动机已停止，才能关断主轴电动机电源。FANUC 控制放大器 α 系列产品是出于这一安全考虑而设计的，急停信号应输入电源模块 PSM，PSM 输至驱动器的动力电源 MCC 控制信号，用来控制电源模块电源的 ON/OFF。

伺服上电回路是给伺服放大器主电源供电的回路，伺服放大器的主电源一般采用三相 AC 220V 电源，通过交流接触器接入伺服放大器，交流接触器的线圈受到伺服放大器的 CX29 的控制，当 CX29 闭合时，交流接触器的线圈得电吸合，给放大器通入主电源。

CNC 控制器通过软件限位功能来检测超程。通常情况下，不需要有硬件限位开关来检测超程，然而，如果由于伺服反馈故障致使机床超出软件限位，则需要有一个行程限位开关与急停信号相连使机床停止。

3. 急停控制回路

急停控制回路一般由两部分构成：一部分是 PMC 急停控制信号 X8.4，另一部分是伺服放大器的 ESP 端子。这两个部分中的任意一个断开就出现报警，ESP 断开出现 SV401 报警，X8.4 断开出现 ESP 报警，它们都是由急停继电器控制的。图 4-24 所示为 CNC 控制器及 α

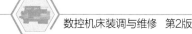

系列控制放大器与急停信号的连接,图中急停继电器的第二个触点接到放大器电源模块的 CX3(1、3 脚)上;对于 βis 单轴放大器,则把它接到第一个放大器的 CX30(1、3 脚)。从图中可以看出,急停信号接在急停继电器的常开触点上,不能把它与 24V 电源相接,这是需要注意的地方。

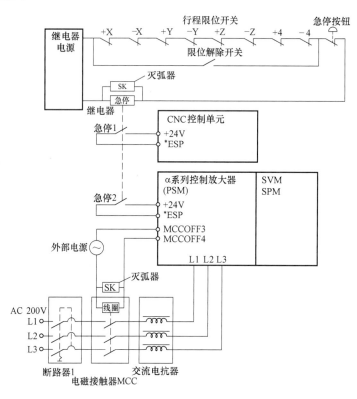

图 4-24　急停信号连接图

4.2.6　与电源的连接

1. 系统电源的连接

由于电源连接 CPD1(IN)与 CPD1(OUT)的接口规格一样,而且在印制电路板上也没有清楚区分 IN 和 OUT 连接接口的标记,所以在操作时,不要轻易断开到连接器的 +24V 电源,否则会导致 CNC 通信报警。

接通电源时,必须在接通 CNC 电源的同时,或在此之前接通 I/O 模块的 +24V 电源。断开电源时,必须在断开 CNC 电源的同时,或在此之后断开 I/O 模块的 +24V 电源,以确保 I/O 模块的输入/输出信号都能正常工作。

如图 4-25 所示,系统厂家提供的 CPD1(IN)连接器,供给印制电路板工作和 DI 工作所需要的电源。为了方便电源的分配使用,输出到

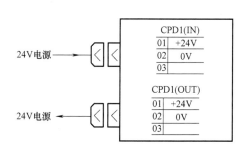

图 4-25　系统电源连接图

CPD1（OUT）的电源与从 CPD1（IN）输入的电源完全一样，当需要分配电源时，使用 CPD1（OUT）。

2. 接地

为了能有效地保护好重要的数控系统，并且能保证控制信号的稳定性，需要对系统进行可靠接地。

（1）信号地系统 SG　它为所有电信号系统提供 0V 参考电压。信号接地方法是，将控制单元中电路的 0V 通过在控制单元主板下面的信号地接线端子与电气柜接地相连。

（2）框架地系统 FG　它主要用于确保安全和抑制内、外部的噪声。框架接地方法是，将框架单元的外壳、面板和单元之间接口电缆的屏蔽连接在一起。

（3）系统地系统　它用来将设备和单元的框架地系统与大地连接起来。系统地的电阻应该为 1Ω 或更小（3 级接地）；系统地的电缆必须有足够的横截面积，以保证安全地将系统短路时的过载电流导入地下，通常其横截面积应至少与交流电源线的横截面积相同或更大；使用带有接地线的交流电源线，以保证供电时地线接地。

接地连接图如图 4-26 所示。

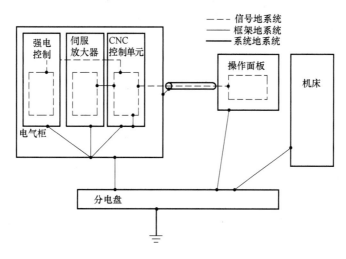

图 4-26　接地连接图

3. 通电前的检查

通电前，断开如图 4-27 所示控制系统电源的所有断路器，用万用表测量各个电压（AC 200V、DC 24V）正常之后，依次接通系统 24V、伺服控制电源（PSM）200V、24V（βi），最后接通伺服主回路电源（三相 200V）。

4. 更换存储器 VD C3 后备电池

零件的加工程序、偏置的数据和系统的参数，都依靠安装在控制单元前面板上的后备电池（锂电池）存储在控制单元的 CMOS 中。上述数据甚至在主电源切断后也不会丢失。后备电池在出厂前就已经安装在控制单元中，这个电池可以使存储器中的内容大致保存一年左右。

当电池电压降低时，在显示器上就会出现"BAT"的系统报警字样，并且电池报警信号也输出给 PMC。当这一报警信息出现时，请尽快更换电池，通常来说，应该在报警后 2 周～

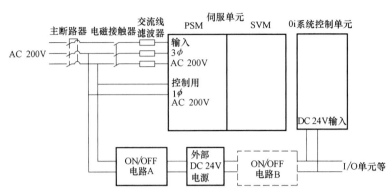

图 4-27　控制系统电源的电路

3 周时间内更换电池，否则会丢失数据。

如果电池电压下降严重，存储器中的内容就不能继续被保存。在这种情况下接通控制单元的电源，就会因为存储器的内容丢失而出现 910 报警（SRAM 奇偶性报警）。此时需全清存储器内容，在更换电池后重新输入必要的数据。

更换控制单元的电池时，一定要保持控制单元的电源为接通状态。如果在电源断开的情况下断开存储器的电池，则存储器中的内容就会丢失。

5. 更换绝对脉冲编码器 DC 6V 的电池

机床断电后，零点位置是靠驱动器 CX5X 接口上外接的 DC 6V 电池来记忆保存的，机床正常使用时，一个电池单元可以使六个绝对脉冲编码器的当前位置数据保持大约一年。机床在通电的情况下，不使用绝对脉冲编码器电池，所以，电池单元使用时间的长短与机床的使用频率有关。

当电池电压降低时，在显示器上就会出现 APC 报警，此时应在 2 周~3 周时间内更换电池。

如果电池电压继续降低，脉冲编码器的当前位置数据就可能丢失，在这种情况下接通控制器的电源，会出现 APC 报警 3n0（请求返回参考位置的报警，其中 n 为轴号），此时更换电池后，应为机床重新建立参考位置。

4.2.7　与模拟主轴的连接

FANUC 模拟量主轴接口各信号的含义如图 4-28 所示。

JA8A(主板)
(PCR-EV20MDT)

1	0V	11	0V		信号名称	说明
2	CLKX0	12	CLKX1			
3	0V	13	0V		SVC,ES	主轴公共电压和公共线
4	FSX0	14	FSX1			
5	ES	15	0V		ENB1,ENB2	主轴使能信号(注1)
6	DX0	16	DX1			
7	SVC	17	-15V		CLKX0,CLKX1,	
8	ENB1	18	+5V		FSX0,FSX1,	进给轴检测信号(注2)
9	ENB2	19	+15V		DX0,DX1,	
10	+15V	20	+5V		±15V,+5V,0V	

图 4-28　FANUC 模拟量主轴接口各信号的含义

主轴模拟量信号接口与变频器的连接方式如图 4-29 所示。

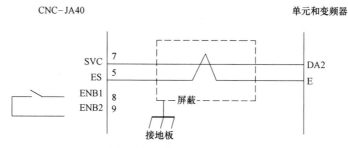

图 4-29　主轴模拟量信号接口与变频器的连接方式

4.2.8　与主轴编码器的连接

系统主板上主轴编码器 JA7A 接口的各信号含义如图 4-30 所示。

JA7A(主板)
(PCR-EV20MDT)

1	SC	11	
2	*SC	12	0V
3	SOUT	13	
4	*SOUT	14	0V
5	PA	15	
6	*PA	16	0V
7	PB	17	
8	*PB	18	+5V
9	+5V	19	
10		20	+5V

名称	说明
SC,*SC	位置编码器C相信号
PA,*PA	位置编码器A相信号
PB,*PB	位置编码器B相信号
SOUT,*SOUT	串行主轴信号(注)

图 4-30　主轴编码器 JA7A 接口各信号含义

JA7A 与主轴编码器的连接方法如图 4-31 所示。

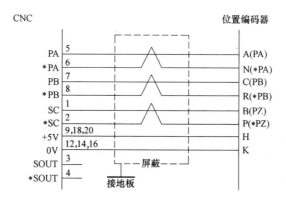

图 4-31　JA7A 与主轴编码器的连接方法

4.2.9　伺服模块的连接

（5）伺服驱动
器的连接

对于 βi 系列，如果不配 FANUC 的主轴电动机，则伺服放大器是单轴型或双轴型；如果

配主轴电动机，则放大器是一体型（SVSPM）。

各放大器之间的通信线 CXA1A 到 CXA1B，从电源到主轴是没有交叉的水平连接，而从主轴到伺服放大器，再到后面的伺服放大器都是交叉连接，如图 4-32 所示。如果连接错误，则会出现电源模块和主轴模块异常报警，PSMi、SPMi、SVMi 伺服模块之间的短接片 TB1 是连接主回路的 DC 300V 电压用的连接线，一定要将其拧紧，如果没有拧得足够紧，轻则产生报警，重则烧坏电源模块 PSMi 和主轴模块 SPMi。

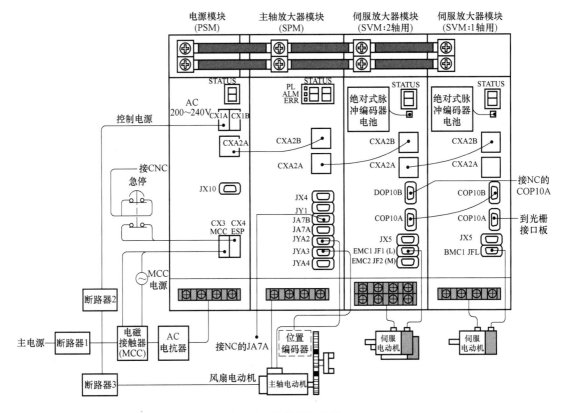

图 4-32 通信线的连接

4.3 数控系统数据装调

数控系统中的数据包括 CNC 参数、PMC 参数、顺序程序、螺距误差补偿值、加工程序、刀具补偿量、用户宏变量、宏 P-CODE 程序及变量、C 语言执行程序、应用程序、SRAM 变量、系统文件等。

4.3.1 系统数据的备份与恢复

数控机床是一种智能化程度非常高的自动控制设备，由于它的控制程序复杂，相关联的数据太多，在对数控机床进行安装调试和维修时，要想对每一个数据依次进行设定，不但工作量巨大，而且要求调试人员对每一个数据

（6）系统数据
  备份与恢复

都心中有数，这很不容易。所以，当数控机床调试好以后，能正常工作时，应及时进行数据备份。一旦机床数据出现问题，导致机床不能正常工作，可以用备份好的数据进行恢复，这种方法用来批量调试数控机床，效率非常高。这部分内容主要介绍数据备份和恢复的方法，并介绍 FANUC LADDER-Ⅲ 调试软件的使用。

1. 系统数据

系统数据根据需求，由系统设计人员存储在不同的位置，FANUC 系统数据的分类及存放区域见表 4-2。

表 4-2　系统数据存储区

数据的种类	存储区	特别说明
CNC 参数	SRAM	必须保存
PMC 参数	SRAM	必须保存
顺序程序	F-ROM	必须保存
螺距误差补偿值	SRAM	任选（Power Mate i-H 上没有）
加工程序	SRAM	根据需要保存
刀具补偿量	SRAM	根据需要保存
用户宏变量	SRAM	FS16i 为任选，必须保存
宏 P-CODE 程序	F-ROM	宏执行程序（任选）
宏 P-CODE 变量	SRAM	
C 语言执行程序、应用程序	F-ROM	C 语言执行程序（任选）
SRAM 变量	SRAM	
系统文件	F-ROM	不需要保存

FANUC 系统文件不需要备份，也不能轻易删除，因为有些系统文件一旦删除了，即使再原样恢复，也会出现系统报警而导致系统停机不能使用，所以不要轻易删除系统文件。

2. 使用 M-CARD 备份和恢复 SRAM 中的数据

1）在 PCMCIA 插槽中插入 M-CARD。

2）按住如图 4-33 所示显示器下面最右端的 "NEXT" 键和其左边的两个软键，同时接通电源，进入 BOOT 的 SYSTEM MONITOR 画面。

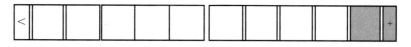

图 4-33　显示器下面的软键

3）按操作提示把光标移至 "7. SRAM DATA UTILITY"，如图 4-34 所示。

4）按软键 "SELECT"，进入如图 4-35 所示的 SRAM DATA BACKUP 画面。

5）按软键 "UP" 或 "DOWN"，选择功能。

① 把数据存至存储卡时，选 "1. SRAM BACKUP"。

② 把存储卡中的数据恢复到 SRAM 时，选 "2. RESTORE SRAM"。

③ 恢复自动备份数据时，选 "3. AUTO BKUP RESTORE"。

④ 返回上一层菜单时，选 "4. END"。

注意：数据传输的方向不要弄错，否则有可能导致正确数据被覆盖。

6）按下软键"SELECT"。

7）按下软键"YES"，执行数据的备份和恢复。在执行"SRAM BUCKUP"时，如果在存储卡上已经有了同名的文件，会询问"OVER WRITE OK?"，如果确认可以覆盖，则按下"YES"键继续操作。

8）执行结束后，显示"…COMPLETE. HIT SELECT KEY"信息。按下"SELECT"软键，返回主菜单，按提示操作，从BOOT中退出即可。

用这种方法备份出来的CNC参数、螺补及加工程序等数据是打包的文件，在计算机上是不能打开的。

```
SYSTEM MONITOR MAIN MENU

  1.END
  2.USER DATA LOADING
  3.SYSTEM DATA LOADING
  4.SYSTEM DATA CHECK
  5.SYSTEM DATA DELETE
  6.SYSTEM DATA SAVE
  7.SRAM DATA UTILITY
  8.MEMORY CARD FORMAT


 * * *MESSAGE* * *
SELECT MENU AND HIT SELECT KEY。

[SELECT] [ YES ] [ NO ] [ UP ] [DOWN]
```

图 4-34　SYSTEM MONITOR 画面

3. 用M-CARD分别备份和恢复系统参数和梯形图

（1）用M-CARD备份（或恢复）系统参数

1）首先将参数20设定为"4"。

2）解除急停。

3）在机床操作面板上选择方式为EDIT（编辑）。

4）依次按下功能键"SYSTEM"、软键"参数"，出现如图4-36所示的参数画面。

5）依次按下软键"操作""文件输出""全部""执行"，CNC参数被输出，输出文件名为"CNC-PARA. TXT"。

（2）用M-CARD备份（或恢复）梯形图（也需要将参数20设定为"4"）

1）按下MDI面板上的"SYSTEM"键，依次按"PMC""NEXT""I/O"，进入如图4-37所示画面。

```
SRAM  DATA BACKUP

1 SRAM BACKUP   (CNC→MEMORY CARD)
2.RESTORE SRAM  (MEMORY CARD→ CNC)
3.AUTO BKUP RESTORE (F-ROM→CNC)
4.END



 * * *MESSAGE* * *
SELECT MENU AND HIT SELECT KEY。

[SELECT] [YES ] [ NO ] [ UP ] [DOWN]
```

图 4-35　SRAM DATA BACKUP 画面

2）在装置一栏选择"存储卡"。

3）在功能处设置为"写"（备份）或"读取"（恢复）。

4）在数据类型处设置为"梯形图"，或者备份梯形图参数。

5）在文件名处输入梯形图的名称（默认为上述名称）。

6）按软键"执行"即可。

4.3.2　CNC参数的调试方法

CNC参数是系统的CNC控制程序中，可由机床生产厂家和用户根据现场情况进行调试的参变量。

（7）CNC参数的调试方法

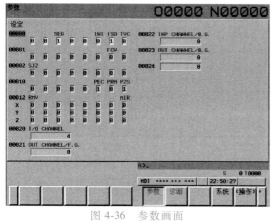

图 4-36 参数画面

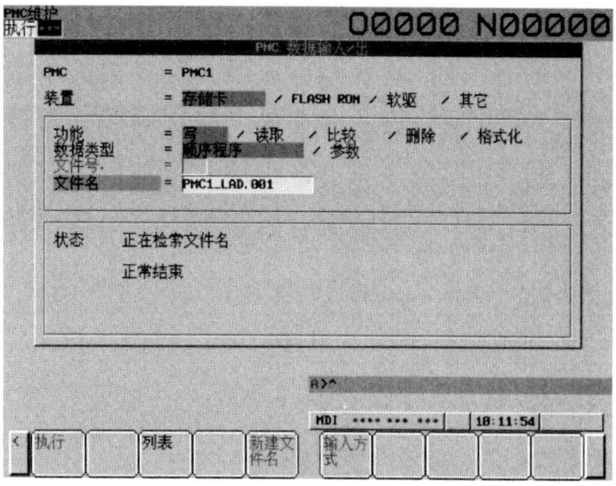

图 4-37 备份和恢复梯形图画面

CNC 参数的类型及数据范围见表 4-3。

表 4-3 CNC 参数的类型及数据范围

数据类型	数据范围	备　　注
位型	0 或 1	位型、位机械组型、位路径型、位轴型、位主轴型参数由 8 位(8 个具有不同含义的参数)构成一个数据号
位机械组型		
位路径型		
位轴型		
位主轴型		
字节型	−128 ~ 127 0 ~ 255	有的参数被作为不带符号的数据处理
字节机械组型		
字节路径型		
字节轴型		
字节主轴型		
字型	−32768 ~ 32767 0 ~ 65535	有的参数被作为不带符号的数据处理
字机械组型		
字路径型		
字轴型		
字主轴型		
2 字型	0 ~ ±999999999	有的参数被作为不带符号的数据处理
2 字机械组型		
2 字路径型		
2 字轴型		
2 字主轴型		
实数型	按标准参数设定	
实数机械组型		
实数路径型		
实数轴型		
实数主轴型		

说明:

1) 机械组型表示存在最大机械组数量的参数,可以为每个机械组设定独立的数据,而在 0i D/0i Mate D 的情况下，最大机械组数必定为 1。

2）路径型是表示存在最大路径数的参数，并可以为每一路径设定独立的数据。

3）轴型是表示存在最大控制轴数的参数，并可以为每一控制轴设定独立的数据。

4）主轴型是表示存在最大主轴数的参数，并可以为每一主轴设定独立的数据。

5）数据范围是指一般的范围，它根据参数而有所不同，详细说明见表 4-4。

表 4-4　标准参数的设定

参数类型	数据单位	设定单位	数据最小单位	数据范围
长度、角度的参数（类型 1）	mm (°)	IS-A	0.01	−999999.99 ~ +999999.99
		IS-B	0.001	−999999.999 ~ +999999.999
		IS-C	0.0001	−99999.9999 ~ +99999.9999
	inch	IS-A	0.001	−99999.999 ~ +99999.999
		IS-B	0.0001	−99999.9999 ~ +99999.9999
		IS-C	0.00001	−9999.99999 ~ +9999.99999
长度、角度的参数（类型 2）	mm (°)	IS-A	0.01	0.00 ~ +999999.99
		IS-B	0.001	0.000 ~ +999999.999
		IS-C	0.0001	0.0000 ~ +99999.9999
	inch	IS-A	0.001	0.000 ~ +99999.999
		IS-B	0.0001	0.0000 ~ +99999.9999
		IS-C	0.00001	0.00000 ~ +9999.99999
速度、角速度的参数	mm/min rad/min	IS-A	0.01	0.00 ~ +999000.00
		IS-B	0.001	0.000 ~ +999000.000
		IS-C	0.0001	0.0000 ~ +99999.9999
	inch/min	IS-A	0.001	0.000 ~ +96000.000
		IS-D	0.0001	0.0000 ~ +9600.0000
		IS-C	0.00001	0.00000 ~ +4000.00000
	mm/min rad/min	IS-C	0.001	0.000 ~ +999000.000
	inch/min	IS-C	0.0001	0.0000 ~ +9600.0000
加速度、角加速度的参数	mm/s² rad/s²	IS-A	0.01	0.00 ~ +999999.99
		IS-B	0.001	0.000 ~ +999999.999
		IS-C	0.0001	0.0000 ~ +99999.9999
	inch/s²	IS-A	0.001	0.000 ~ +99999.999
		IS-B	0.0001	0.0000 ~ +99999.9999
		IS-C	0.00001	0.00000 ~ +9999.99999
	mm/s² rad/s²	IS-C	0.001	0.000 ~ +999999.999
	inch/s²	IS-C	0.0001	0.0000 ~ +99999.9999

CNC 参数的调试，直接关系到 CNC 系统控制程序能否正确地控制机床。这里主要介绍

各类参数的含义和作用，以及参数的设定方法。

参数设定画面用于参数的设置、修改等操作，操作时需要打开参数开关，按"OFF SET"键，显示如图4-38所示画面，此时就可以设定参数可写入状态，写参数为"1"时，可以进入参数画面进行修改。

在参数画面中输入参数号，按"搜索"软键，移动光标至要修改的参数位置，键入要修改的值，按"INPUT"键即可。

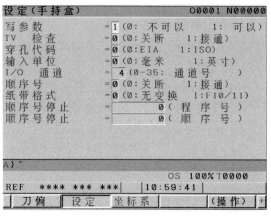

图4-38 参数可写入设定

4.3.3 基本参数

1. 基本参数的设定

（1）上电全清 当准备对系统参数进行装调，第一次通电时，可以先做全清。具体操作时，上电时，同时按住MDI面板上的"RESET"及"DEL"键。全清后一般会出现如下报警：

1）100参数可写入报警。参数写保护处于打开状态，设定画面第一项PWE=1。

2）506/507硬超程报警。梯形图中没有处理硬件限位信号，设定3004#5置"0"可消除此报警。

3）417伺服参数设定不正确报警。重新设定伺服参数，进行伺服参数初始化可消除此报警。

4）5136，FSSB电动机号设定不正确报警。FSSB设定没有完成或根本没有设定，如果需要系统不带电动机调试，则把1023设定为-128，屏蔽伺服电动机，可消除5136报警。

5）手动输入功能参数（9900~9999），根据FANUC提供的出厂参数表正确输入。关断系统电源，然后再开。检查参数8130、1010的设定是否正确，一般车床为2，铣床为3或4。

（2）伺服FSSB设定和伺服参数初始化

1）参数1023设定为1：2：3等。

2）参数1902#0置"0"。

3）在放大器设定画面中，指定各放大器连接的被控轴的轴号（1、2、3等）。

4）按"SETTING"软键，若显示报警信息，则需重新设定。

5）在轴设定画面上指定关于轴的信息，如分离型检测器接口单元的连接器号。

6）按"SETTING"键，若显示报警信息，则重复上述步骤。设定完成后，应

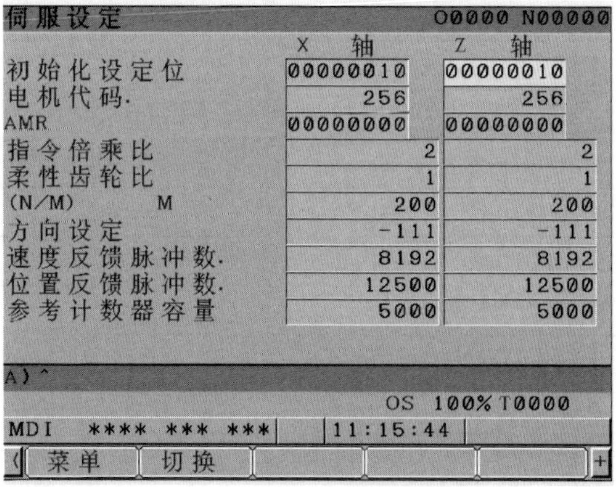

图4-39 伺服参数设定画面

关闭电源，然后再开机，如果没有出现 5138 报警，则设定完成。

7）把 3111#0（SVS）设定为 1，显现伺服设定和伺服调整画面，翻到伺服参数设定画面，如图 4-39 所示，设定各项（如果是全闭环，则先按半闭环进行设定）。

2. 基本参数的含义

FANUC 系统的基本参数及其含义见表 4-5。

表 4-5　FANUC 系统的基本参数及其含义

参数含义	FS-0I MA/MB FS-0I-Mate-MB FS-16/18/21M FS-16I/18I/21IM	FS-0I TA/TB FS-0I-Mate-TB FS-16/18/21T FS-16I/18I/21IT	备注 （一般设定值）
程序输出格式为 ISO 代码	0000#1	0000#1	1
数据传输波特率	103,113	103,113	10
I/O 通道	20	20	0 为 232 口，4 为存储卡
用存储卡 DNC	138#7	138	1 可选 DNC 文件
未回零执行自动运行	1005#0	1005#0	调试时为 1
直线轴/旋转轴	1006#0	1006#0	旋转轴为 1
半径编程/直径编程		1006#3	车床的 X 轴，同时 CMR = 1
参考点返回方向	1006#5	1006#5	0：+；1：-
轴名称	1020	1020	88（X），89（Y），90（Z），65（A），66（B），67（C）
轴属性	1022	1022	1，2，3
轴连接顺序	1023	1023	1，2，3
存储行程限位正极限	1320	1320	调试范围：99999999
存储行程限位负极限	1321	1321	调试范围：-99999999
未回零执行手动快速	1401#0	1401#0	调试为 1
空运行速度	1410	1410	1000 左右
各轴快移速度	1420	1420	8000 左右
最大切削进给速度	1422	1422	8000 左右
各轴手动速度	1423	1423	4000 左右
各轴手动快移速度	1424	1424	可为 0，同 1420
各轴返回参考点 FL 速度	1425	1425	300~400
快移时间常数	1620	1620	50~200
切削时间常数	1622	1622	50~200
JOG 时间常数	1624	1624	50~200
分离型位置检测器	1815#1	1815#1	全闭环为 1
电动机绝对编码器	1815#5	1815#5	伺服带电池为 1
各轴位置环增益	1825	1825	3000
各轴到位宽度	1826	1826	20~100mm
各轴移动位置偏差极限	1828	1828	调试 10000

（续）

参数含义	FS-0I MA/MB FS-0I-Mate-MB FS-16/18/21M FS-16I/18I/21IM	FS-0I TA/TB FS-0I-Mate-TB FS-16/18/21T FS-16I/18I/21IT	备注 （一般设定值）
各轴停止位置偏差极限	1829	1829	200
各轴反向间隙	1851	1851	测量值
P-I 控制方式	2003#3	2003#3	1
单脉冲消除功能	2003#4	2003#4	停止时微小振动设为1
虚拟串行反馈功能	2009#0	2009#0	不带电动机为1
电动机代码	2020	2020	查表
负载惯量比	2021	2021	200 左右
电动机旋转方向	2022	2022	111 或 -111
速度反馈脉冲数	2023	2023	8192
位置反馈脉冲数	2024	2024	半为12500,全为电动机一转时走的微米数
柔性进给传动比（分子）N	2084,2085	2084,2085	转动比,计算得到
互锁信号无效	3003#0	3003#0	*IT(G8.0)
各轴互锁信号无效	3003#2	3003#2	*ITX-*IT4(G130)
各轴方向互锁信号无效	3003#3	3003#2	*ITX-*IT4(G132,G134)
减速信号极性	3003#5	3003#5	行程（常闭）开关为0 接近（常开）开关为1
超程信号无效	3004#5	3004#5	出现506、507 报警时设定1
显示器类型	3100#7	3100#7	0 为单色,1 为彩色
中文显示	3102#3	3102#(3190#6	1
实际进给速度显示	3105#0	3105#0	1
主轴速度和 T 代码显示	3105#2	3105#2	1
主轴倍率显示	3106#5	3106#5	1
实际手动速度显示指令	3108#7	3108#7	1
伺服调整画面显示	3111#0	3111#0	1
主轴监控画面显示	3111#1	3111#1	1
操作监控画面显示	3111#5	3111#5	1
伺服波形画面显示	3112#0	3112#0	需要时为1,最后要为0
指令数值单位	3401#0	3401#0	0μm;1mm
各轴参考点螺补号	3620	3620	实测
各轴正极限螺补号	3621	3621	
各轴负极限螺补号	3622	3622	
螺补数据放大倍数	3623	3623	
螺补间隔	3624	3624	

（续）

参数含义	FS-0I MA/MB FS-0I-Mate-MB FS-16/18/21M FS-16I/18I/21IM	FS-0I TA/TB FS-0I-Mate-TB FS-16/18/21T FS-16I/18I/21IT	备注 （一般设定值）
是否使用串行主轴	3701#1	3701#1	0 为使用，1 为不使用
检测主轴速度到达信号	3708#0	3708#0	1 为检测
主轴电动机最高钳制速度	3736		限制值/最大值 * 4095
主轴各档最高转速	3741/2/3	3741/2/3/4	电动机最大值/减速比
是否使用位置编码器	4002#1	4002#1	使用为 1
主轴电动机参数初始化	4019#7	4019#7	
主轴电动机代码	4133	4133	
CNC 控制轴数	8130（0i）	8130（0i）	
CNC 控制轴数	1010	1010	8130-PMC 轴数
手轮是否有效	8131#0	8131#0	手轮有效为 1
串行主轴有效	3701#1	3701#1	

4.4 数控系统 PMC 装调

FANUC 系统 PMC 相应菜单及其含义如图 4-40 所示。

4.4.1 PMC 的定义和结构

1. PMC 的定义

PMC（Programmable Machine Control）就是可编程序的机床控制器，将符号化的梯形图程序在内部转化成某种格式的机器语言，CPU 即对其进行译码和运算，并将结果存储在 RAM 和 ROM 中。CPU 高速读出存储在存储器中的每条指令，通过运算来执行程序。PMC 是数控机床上专用的 PLC，是 FANUC 系统对机床 PLC 的专有称谓。

数控机床对离散型逻辑信号（M、S、T、按键、旋钮、行程开关、状态指示灯、输出继电器等）的控制，在某种程度上也可以说是 PLC 对数控机床上各种元器件的控制。当操作人员按下某个键，使机床实现某种功能时，表面上是通过机床操作面板上的按键来实现的，其实是机床操作人员触发了 PLC 中对这个功能的控制程序，从而实现了对机床的控制。

2. PMC 的特点

PMC 程序由内部软件控制，虽然它执行的也是顺序逻辑控制，但它和传统的继电器控制回路有着根本性的区别：继电器控制回路对控制结果基本上是同时动作；而 PMC 是从上往下，从左至右地循环扫描，对控制结果的执行是有先后顺序的。

PMC 每次从头开始顺序执行到扫描结束所用的时间称为循环扫描周期，其时间的长短决定于 PMC 步数（步数越少，周期越短），周期越短，信号的响应速度越快，FANUC 0iD 系统的 PMC 扫描周期为 8ms。

不同系统的 PMC 配置情况见表 4-6。

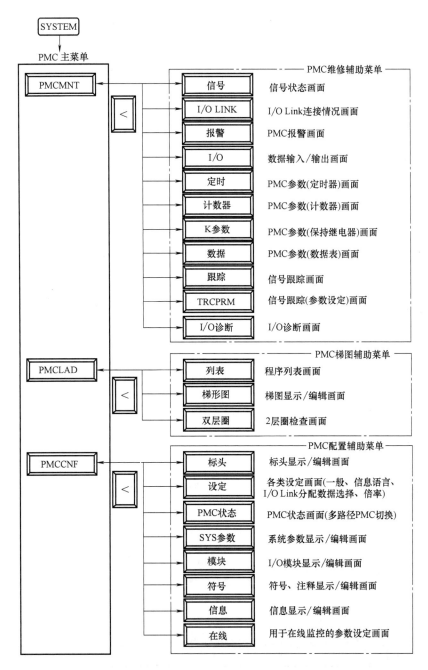

图 4-40　PMC 菜单及其含义

表 4-6　不同系统的 PMC 配置

系统类型	PMC 规格	PMC 容量	I/O Link 通道 I/O 点数
0iCA 包	PMC SB7	24,000 步○ 32,000 步☆(0i-TTC)	1ch DI/DO 1024/1024○ 2ch DI/DO 2048/2048☆(0i-TTC)
0iDA 包	0iD PMC	24,000 步○ 32,000 步☆	1ch DI/DO 1024/1024○ 2ch DI/DO 2048/2048☆

（续）

系统类型	PMC 规格	PMC 容量	I/O Link 通道 I/O 点数
0iCB 包	PMC SA1	5,000 步○	1ch DI/DO 1024/1024○
0iDB 包	0iD PMC/L	5,000 步○ 8,000 步☆	1ch DI/DO 1024/1024○
0i Mate C	PMC SA1	5,000 步○	1ch DI/DO 240/160○
0i Mate D	0i Mate-D PMC/L	5,000 步○ 8,000 步☆	1ch DI/DO 256/256○

注："○" 为标配，"☆" 为高配。

3. FANUC PMC 的规格

FANUC PMC 的基本规格见表 4-7。

表 4-7　FANUC PMC 的规格

功能		0iD PMC	0iD/0i Mate D PMC/L
编程语言		梯形图 功能程序段④	梯形图 功能程序段④
梯形图级别数		3	2①
级别 1 执行周期		8ms	8ms
处理速度（基本指令）		25ns/step	1μs/step
程序容量②	梯形图 符号/注释 信息	最大约 32000step 1KB~ 8KB~	最大约 8000step 1KB~ 8KB~
指令	基本指令 功能指令③	14 93（105）	14 92（105）
指令（扩展时）	基本指令 功能指令③	24 218（230）	24 217（230）
CNC 接口	输入（F） 输出（G）	768bytes×2 768bytes×2	768bytes 768bytes
DI/DO（I/O Link）	输入（X） 输出（Y）	最大 2048 点 最大 2048 点	最大 1024 点⑧ 最大 1024 点⑧
符号/注释⑤	符号字符数 注释字符数⑥	40 个字符 255 个字符	40 个字符 255 个字符
程序保存区（FLASH ROM）⑦		最大 384KB	128KB

① 由于与其他机型用程序可进行源兼容，所以可在第 3 级别中创建程序，但是不能进行程序的处理。

② 包含最大梯形图步数以及符号/注释和信息等的整个程序的最大容量，根据选项的指定而不同。

③ 功能指令数，括号内表示全部功能指令的数目，括号外表示其中的有效功能指令。

④ 要使用功能程序段功能，需要具备选项。功能程序段功能中包含 PMC 梯形图指令扩展功能，所以无需另行配备 PMC 梯形图指令扩展功能选项。

⑤ 这是使用符号和注释扩展功能情况下的字符数。基本规格为符号 16 个字符，注释 30 个字符。

⑥ 仅限指定了半角的情形。在仅仅使用全角字符的情况下，成为一半的字符数。

⑦ 程序保存区的容量因选项的指定而不同。

⑧ 0i Mate D 的最大输入/输出为 256 点/256 点。

4. FANUC PMC 程序结构

FANUC PMC 程序结构分为一级程序和二级程序，其处理的优先级别不同。一级程序在每个 8ms 扫描周期中都先扫描执行，剩余时间再扫描二级程序，如果二级程序在一个 8ms 中不能扫描完成，则它会被分割成 n 段来执行。在每个 8ms 周期中，执行完一级程序的扫描后再顺序执行剩余的二级程序。

PMC 扫描处理一级程序和二级程序的时间分配如图 4-41 所示。

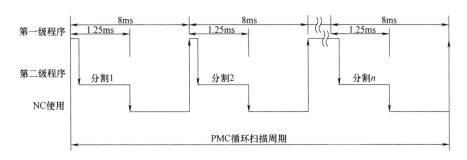

图 4-41　PMC 扫描时间分配

一级程序的长短决定了二级程序的分隔数，同时也决定了整个程序的循环处理周期。所以，一级程序应编制得尽量短，可以把一些需要快速响应的程序放在一级程序中，如急停、限位等。

编辑 PMC 程序时，可以考虑用子程序处理一些功能模块，这样，只有当有条件地呼叫某个子程序时，才扫描读取该子程序，否则，子程序不占用整个 PMC 扫描周期的时间。

FANUC 系统的 M00、M01、M02、M30、M98、M99 不需要 PMC 处理，但是需要 FIN 信号，急停、返回参考点减速信号（X8.4、X9.0、X9.1 固定不变）需要快速处理，它们不经过 PMC，而直接进 NC。

5. 输入输出信号的处理

来自 CNC 侧的输入信号（如 M、T 指令信号）和机床侧的输入信号（如机床操作面板、检测开关等信号）传送至 PMC，经过逻辑处理产生输出信号。其中有向 CNC 输出的信号（如模式、启动等），也有向机床侧输出的信号（如继电器、指示灯等）。各种信号和 PMC 之间的关系如图 4-42 所示。

位逻辑指令处理的是 "1" 和 "0" 两个数字，这两个数字被称为二进制数字或二进制位，它们是构成二进制数字系统的基础。在触点与线圈里，"1" 表示动作或通电，"0" 表示未动作或未通电。

位逻辑指令扫描信号状态 1 和 0，并根据布尔逻辑对它们进行组合，这些组合产生 1 或 0 的结果称为 "逻辑运算结果（RLO）"。

由位逻辑指令触发的逻辑运算并输出结果，可执行各种类型的功能。

6. CNC、PMC 和 MT（机床侧）之间信号的关系

数控机床 CNC、PMC 和 MT（机床侧）之间信号的种类较多，不同通道处理的信号不一样，它们之间的相互关系如图 4-43 所示。

1）图中实线表示的与 PMC 相关的输入、输出信号，经由 I/O 板的接收电路和驱动电路

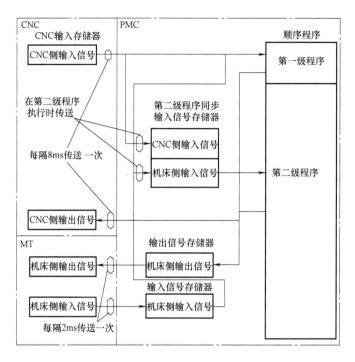

图 4-42　PMC 输入输出信号的处理

进行传送。

2）虚线表示的与 PMC 相关的输入、输出信号，仅在 RAM 等存储器中进行传送。

所有这些信号的状态均可通过 PMC 监控显示在屏幕上，维修诊断时，可以利用该功能查看相关信号的状态。

FANUC 系统 PMC 梯形图的符号及地址，在形式和含义上与其他系统有一定区别，见表4-8。

7. S、T、B 功能的执行

FANUC 系统的 S 功能主要由 NC 处理，PMC 返回结束（SFIN）信号传给

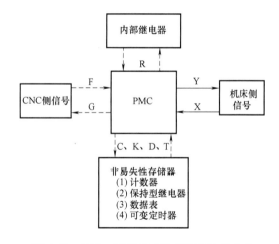

图 4-43　CNC、PMC 和 MT 之间信号的关系

NC。S 编码有两种形式：2 位 BCD 代码和 4 位 BCD 代码。FANUC 系统主要采用的是 4 位 BCD 代码，表示主轴的实际转速，如 S2000 表示主轴的转速为 2000r/min。

T 功能用于实现加工中心刀库中或数控车电动刀架中的刀号管理，进行自动选刀，其处理过程如图4-44 所示。

8. M 功能指令在 PMC 和 NC 中的执行

1）在"AUTO/DNC"或"MDI"工作模式下读取加工程序中的 M 指令。

2）NC 完成译码后，通过晶体管（M11、M12、M14、M18、M21、M22、M24、M28）输出 M 指令后的两位 BCD 码数字（00~99）代码。

表 4-8 FANUC 系统 PMC 梯形图符号及地址说明

符 号	名 称	说 明
─┤├─	A 型触点	从 PMC 中间继电器触点过来的输入信号,如 A、R、K 等
─┤／├─	B 型触点	
─┤┼├─	A 型触点	从 CNC 过来的输入信号,如 F
─┤／┼├─	B 型触点	
─┤┤├─	A 型触点	从机床侧(包括操作面板)过来的输入信号,如 X
─┤／┤├─	B 型触点	
─○─	A 类线圈	PMC 中的继电器线圈,其触点仅在 PMC 中使用,如 A、R、K 信号
─◎─	B 类线圈	PMC 中的继电器线圈,其触点输出到机床侧,如 Y 信号
─●─	C 类线圈	PMC 中的继电器线圈,其触点输出到 CNC,如 G 信号
─┤SUB│ │├─	子程序	功能指令,实际形式根据指令的不同而变化

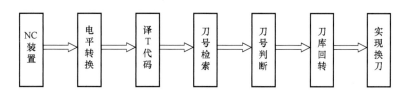

图 4-44 刀具功能的处理流程

3)代码输出后,经过选通信号 MF(F7.0)的延迟时间后,由晶体管输出"MF"信号,若同一程序段指定了移动、暂停、主轴速度或辅助功能指令及其他功能指令,则输出辅助功能代码信号后,开始执行其他功能。

选通信号 MF 的延迟时间由参数 3010 设定,设定值应为 8 的整数倍,标准设定值为 16ms。

4)PMC 读取 MF 信号后,对 NC 输出的 M 指令代码进行译码,并根据译码结果进行对应的输出处理。当同一程序段中有移动、暂停或其他功能指令时,如果使用分配结束信号 DEN(F1.3)编程,则可实现同一程序段中先执行移动指令时,待移动指令执行完成后,需等待分配结束信号 DEN 为"1"时,才能执行另一个功能操作。若没有使用分配结束信号 DEN 编程,则 M 指令和移动指令同时执行,且在移动指令执行完成后才转到下一程序段。

5)处理结束后,PMC 将辅助功能指令结束信号 FIN(G4.3)信号置"1"。需要注意的是,只有当同一程序段中的所有辅助功能、主轴速度功能、刀具功能等指令执行结束后,才能将 FIN 信号置"1"。

6)NC 读到 FIN 信号为"1"时,经过 M 功能结束信号宽度 TFIN 的时间后,断开选通信号 MF（该信号置为"0"），并通知 PMC 已收到了 FIN 信号。

M 功能结束信号的宽度 TFIN 由参数 3011 设定，设定值应为 8 的整数倍，标准设定值为 16ms。

7）选通信号 MF 为"0"时，PMC 将 FIN 信号置为"0"。

8）NC 读 FIN 信号为"0"时，将所有 M 代码输出信号 M11、M12、M14、M18、M21、M22、M24、M28 置为"0"，结束辅助功能的全部处理，NC 准备读入下一个程序段。

S、T 或 B 指令的控制关系与执行过程与 M 指令相同，读指令信号分别为 SF、TF、BF，只是执行 S、T 或 B 指令时，代码信号一直保持，直到指定了相应功能的新代码为止（类似于"模态代码"功能）。

4.4.2 PMC 地址

地址是用来区分信号的。不同的地址分别对应机床侧的输入、输出信号，CNC 侧的输入、输出信号，内部继电器，计数器，保持型继电器（PMC 参数）以及数据表。这些有具体信号名称和地址关系的信号表，在编制顺序程序时，可用显示器/MDI 上的键或用计算机键盘上的键输入 PMC 中。

PMC 相关地址由地址号和位号组成，其编写格式如图 4-45 所示。地址号由字母（地址类别）加数字构成，位号由 0~7 八位数表示，在功能指令中指定字节单位的地址时，位号可以省略，如 R20。

图 4-45　PMC 相关地址格式

1. CNC 至 PMC 的信号地址 F

CNC 至 PMC 的信号地址有 F0~F255，其功能含义是由 FANUC 系统的开发人员确定的，它们的具体含义见表 4-9。系统用户可以使用这些地址信号编写梯形图程序，来实现机床的某个功能。

譬如 F0.6 为伺服准备好信号，可以用它来控制重力轴抱闸打开；F1.1 为复位信号，它是由 CNC 直接处理 MDI 面板上的复位键信号，可以用它来打断一些正在输出的功能动作。

F7.0 为辅助功能选通信号，可以将其作为 M 代码的译码条件。

F172.7 为绝对位置编码器电池电压值低报警信号，可以将其作为绝对位置编码器电池电压值低时报警请求显示 A 输出的控制条件等。

表 4-9　F 信号地址含义

地址	信号名称	符号	T 系列	M 系列
F000#0	倒带信号	RWD	√	√
F000#4	进给暂停报警信号	SPL	√	√
F000#5	循环启动报警信号	STL	√	√
F000#6	伺服准备就绪信号	SA	√	√
F000#7	自动运行信号	OP	√	√
F001#0	报警信号	AL	√	√
F001#1	复位信号	RST	√	√

（续）

地址	信号名称	符号	T系列	M系列
F001#2	电池报警信号	BAL	√	√
F001#3	分配结束信号	DEN	√	√
F001#4	主轴使能信号	ENB	√	√
F001#5	攻螺纹信号	TAP	√	√
F001#7	CNC 信号	MA	√	√
F002#0	英制输入信号	INCH	√	√
F002#1	快速进给信号	RPDO	√	√
F002#2	恒表面切削速度信号	CSS	√	√
F002#3	螺纹切削信号	THRD	√	√
F002#4	程序启动信号	SRNMV	√	√
F002#6	切削进给信号	CUT	√	√
F002#7	空运行检测信号	MDRN	√	√
F003#0	增量进给选择检测信号	MINC	√	√
F003#1	手轮进给选择检测信号	MH	√	√
F003#2	JOG 进给检测信号	MJ	√	√
F003#3	手动数据输入选择检测信号	MMDI	√	√
F003#4	DNC 运行选择确认信号	MRMT	√	√
F003#5	自动运行选择检测信号	MMEM	√	√
F003#6	存储器编辑选择检测信号	MEDT	√	√
F003#7	示教选择检测信号	MTCHIN	√	√
F004#0，F005	跳过任选程序段检测信号	MBDT1，MBDT2～MBDT9	√	√
F004#1	所有轴机床锁住检测信号	MMLK	√	√
F004#2	手动绝对值检测信号	MABSM	√	√
F004#3	单程序段检测信号	MSBK	√	√
F004#4	辅助功能锁住检测信号	MAFL	√	√
F004#5	手动返回参考点检测信号	MREF	√	√
F007#0	辅助功能选通信号	MF	√	√
F007#1	高速接口外部运行信号	EFD		√
F007#2	主轴速度功能选通信号	SF	√	√
F007#3	刀具功能选通信号	TF	√	√
F007#4	第 2 辅助功能选通信号	BF	√	
F007#7				√
F008#0	外部运行信号	EF		√
F008#4	第 2M 功能选通信号	MF2		√
F008#5	第 3M 功能选通信号	MF3	√	√
F009#4	M 译码信号	DM30	√	√
F009#5		DM02	√	√
F009#6		DM01	√	√
F009#7		DM00	√	√
F010～F013	辅助功能代码信号	M00～M31	√	√

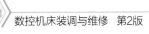
（续）

地址	信号名称	符号	T 系列	M 系列
F014～F015	第 2M 功能代码信号	M200～M215	√	√
F016～F017	第 3M 功能代码信号	M300～M315	√	√
F022～F025	主轴速度代码信号	S00～S31	√	√
F026～F029	刀具功能代码信号	T00～T31	√	√
F030～F033	第 2 辅助功能代码信号	B00～B31	√	√
F034#0～#2	齿轮选择信号（输出）	GR10,GR20,GR30		√
F035#0	主轴功能检测报警信号	SPAL	√	√
F036#0～F037#3	12 位代码信号	R010～R120	√	√
F038#0	主轴夹紧信号	SCLP	√	
F038#1	主轴松开信号	SUCLP	√	
F038#2	主轴使能信号	ENB2	√	√
F038#3		ENB3	√	√
F040,F041	实际主轴速度信号	AR0～AR15	√	
F044#1	Cs 轮廓控制切换结束信号	FSCSL	√	√
F044#2	主轴同步速度控制结束信号	FSPSY	√	√
F044#3	主轴相位同步控制结束信号	FSPPH	√	√
F044#4	主轴同步控制报警信号	SYCAL	√	√
F045#0	报警信号（串行主轴）	ALMA	√	√
F045#1	零速度信号（串行主轴）	SSTA	√	√
F045#2	速度检测信号（串行主轴）	SDTA	√	√
F045#3	速度到达信号（串行主轴）	SARA	√	√
F045#4	负载检测信号 1（串行主轴）	LDT1A	√	√
F045#5	负载检测信号 2（串行主轴）	LDT2A	√	√
F045#6	转矩限制信号（串行主轴）	TLMA	√	√
F045#7	定向结束信号（串行主轴）	ORARA	√	√
F046#0	动力线切换信号（串行主轴）	CHPA	√	√
F046#1	主轴切换结束信号（串行主轴）	CFINA	√	√
F046#2	输出切换信号（串行主轴）	RCHPA	√	√
F046#3	输出切换结束信号（串行主轴）	RCFNA	√	√
F046#4	从动运动状态信号（串行主轴）	SLVSA	√	√
F046#5	用位置编码器的主轴定向接近信号（串行主轴）	PORA2A	√	√
F046#6	用磁传感器主轴定向结束信号（串行主轴）	MORA1A	√	√
F046#7	用磁传感器主轴定向接近信号（串行主轴）	MORA2A	√	√
F047#0	位置编码器一转 信号检测的状态 信号（串行主轴）	PC1DTA	√	√

（续）

地址	信号名称	符号	T 系列	M 系列
F047#1	增量方式定向信号（串行主轴）	INCSTA	√	√
F047#4	电动机励磁关断状态信号（串行主轴）	EXOFA	√	√
F048#4	Cs 轴坐标系建立状态信号	CSPENA	√	√
F049#0	报警信号（串行主轴）	ALMB	√	√
F049#1	零速度信号（串行主轴）	SSTB	√	√
F049#2	速度检测信号（串行主轴）	SDTB	√	√
F049#3	速度到达信号（串行主轴）	SARB	√	√
F049#4	负载检测信号 1（串行主轴）	LDT1B	√	√
F049#5	负载检测信号 2（串行主轴）	LDT2B	√	√
F049#6	转矩限制信号（串行主轴）	TLMB	√	√
F049#7	定向结束信号（串行主轴）	ORARB	√	√
F050#0	动力线切换信号（串行主轴）	CHPB	√	√
F050#1	主轴切换结束信号（串行主轴）	CFINB	√	√
F050#2	输出切换信号（串行主轴）	RCHPB	√	√
F050#3	输出切换结束信号（串行主轴）	RCFNB	√	√
F050#4	从动运行状态信号（串行主轴）	SLVSB	√	√
F050#5	用位置编码器主轴定向接近信号（串行主轴）	PORA2B	√	√
F050#6	用磁传感器的主轴定向结束信号（串行主轴）	MORA1B	√	√
F050#7	用磁传感器的主轴定向接近信号（串行主轴）	MORA2B	√	√
F051#0	位置编码器一转信号检测状态信号（串行主轴）	PC1DTB	√	√
F051#1	增量方式定向信号（串行主轴）	INCSTB	√	√
F051#4	电动机励磁关断状态信号（串行主轴）	EXOFB	√	√
F053#0	键输入禁止信号	INHKY	√	√
F053#1	程序屏幕显示方式信号	PRGDPL	√	√
F053#2	阅读/传出处理中信号	RPBSY	√	√
F053#3	阅读/传出报警信号	RPALM	√	√
F053#4	后台忙信号	BGEACT	√	√
F053#7	键代码读取结束信号	EKENB	√	√
F054, F055	用户宏程序输出信号	UO000 ~ UO015	√	√
F056 ~ F059		UO100 ~ UO131	√	√
F060#0	外部数据输入读取结束信号	EREND	√	√
F060#1	外部数据输入检索结束信号	ESEND	√	√
F060#2	外部数据输入检索取消信号	ESCAN	√	√

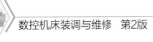

（续）

地址	信号名称	符号	T系列	M系列
F061#0	B轴松开信号	BUCLP		√
F061#1	B轴夹紧信号	BCLP		√
F061#2	硬复制停止请求接受确认	HCAB2	√	√
F061#3	硬复制进行中信号	HCEXE	√	√
F062#0	AI先行控制方式信号	AICC		√
F062#3	主轴1测量中信号	S1MES	√	
F062#4	主轴2测量中信号	S2MES	√	
F062#7	所需零件计数达到信号	PRTSF	√	√
F063#7	多边形同步信号	PSYN	√	
F064#0	更换刀具信号	TLCH	√	√
F064#1	新刀具选择信号	TLNW	√	√
F064#2	每把刀具的切换信号	TLCHI		√
F064#3	刀具寿命到期通知信号	TLCHB		√
F065#0	主轴的转向信号	RGSPP		√
F065#1		RGSPM		√
F065#4	回退完成信号	RTRCTF	√	√
F066#0	先行控制方式信号	G08MD	√	√
F066#1	刚性攻螺纹回退结束信号	RTPT		√
F066#5	小孔径深孔钻孔处理中信号	PECK2		√
F070#0~F071	位置开关信号	PSW01~PSW16	√	√
F072	软操作面板通用开关信号	OUT0~OUT7	√	√
F073#0	软操作面板信号（MD1）	MD1O	√	√
F073#1	软操作面板信号（MD2）	MD2O	√	√
F073#2	软操作面板信号（MD4）	MD4O	√	√
F073#4	软操作面板信号（ZRN）	ZRNO	√	√
F075#2	软操作面板信号（BDT）	BDTO	√	√
F075#3	软操作面板信号（SBK）	SBKO	√	√
F075#4	软操作面板信号（MLK）	MLKO	√	√
F075#5	软操作面板信号（DRN）	DRNO	√	√
F075#6	软操作面板信号（KEY1~KEY4）	KEYO	√	√
F075#7	软操作面板信号（＊SP）	SPO	√	√
F076#0	软操作面板信号（MP1）	MP1O	√	√
F076#1	软操作面板信号（MP2）	MP2O	√	√
F076#3	刚性攻螺纹方式信号	RTAP	√	√
F076#4	软操作面板信号（ROV1）	ROV1O	√	√
F076#5	软操作面板信号（ROV2）	ROV2O	√	√

（续）

地址	信号名称	符号	T系列	M系列
F077#0	软操作面板信号（HS1A）	HS1AO	√	√
F077#1	软操作面板信号（HS1B）	HS1BO	√	√
F077#2	软操作面板信号（HS1C）	HS1CO	√	√
F077#3	软操作面板信号（HS1D）	HS1DO	√	√
F077#6	软操作面板信号（RT）	RTO	√	√
F078	软操作面板信号（*FV0～*FV7）	*FV00～*FV70	√	√
F079,F080	软操作面板信号（*JV0～*JV15）	*JV00～*JV150	√	√
F081#0,#2,#4,#6	软操作面板信号（+J1～+J4）	+J10～+J40	√	√
F081#1,#3,#5,#7	软操作面板信号（-J1～-J4）	-J10～-J40	√	√
F090#0	伺服轴异常负载检测信号	ABTQSV	√	√
F090#1	第1主轴异常负载检测信号	ABTSP1	√	√
F090#2	第2主轴异常负载检测信号	ABTSP2	√	√
F094	返回参考点结束信号	ZP1～ZP4	√	√
F096	返回第2参考位置结束信号	ZP21～ZP24	√	√
F098	返回第3参考位置结束信号	ZP31～ZP34	√	√
F100	返回第4参考位置结束信号	ZP41～ZP44	√	√
F102	轴移动信号	MV1～MV4	√	√
F104	到位信号	INP1～INP4	√	√
F106	轴运动方向信号	MVD1～MVD4	√	√
F108	镜像检测信号	MMI1～MMI4	√	√
F110#0～#3	控制轴脱开状态信号	MDTCH1～MDTCH4	√	√
F112	分配结束信号（PMC轴控制）	EADEN1～EADEN4	√	√
F114	转矩极限到达信号	TRQL1～TRQL4	√	
F120	参考点建立信号	ZRF1～ZRF4	√	√
F122#0	高速跳转状态信号	HDO0	√	√
F124	行程限位到达信号	+OT1～+OT4		√
F124#0～#3	超程报警中信号	OTP1～OTP4	√	√
F126	行程限位到达信号	-OT1～-OT4		√
F129#5	0倍率信号（PMC轴控制）	EOV0	√	√
F129#7	控制轴选择状态信号（PMC轴控制）	*EAXSL	√	√
F130#0	到位信号（PMC轴控制）	EINPA	√	√
F130#1	零跟随误差检测信号（PMC轴控制）	ECKZA	√	√
F130#2	报警信号（PMC轴控制）	EIALA	√	√
F130#3	辅助功能执行信号（PMC轴控制）	EDENA	√	√
F130#4	轴移动信号（PMC轴控制）	EGENA	√	√
F130#5	正向超程信号（PMC轴控制）	EOTPA	√	√

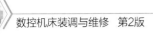
（续）

地址	信号名称	符号	T 系列	M 系列
F130#6	负向超程信号(PMC 轴控制)	EOTNA	√	√
F130#7	轴控制指令读取结束信号(PMC 轴控制)	EBSYA	√	√
F131#0	辅助功能选通信号(PMC 轴控制)	EMFA	√	√
F131#1	缓冲器满信号(PMC 轴控制)	EABUFA	√	√
F132,F142	辅助功能代码信号(PMC 轴控制)	EM11A~EM48A	√	√
F133#0	到位信号(PMC 轴控制)	EINPB	√	√
F133#1	零跟随误差检测信号(PMC 轴控制)	ECKZB	√	√
F133#2	报警信号(PMC 轴控制)	EIALB	√	√
F133#3	辅助功能执行信号(PMC 轴控制)	EDENB	√	√
F133#4	轴移动信号(PMC 轴控制)	EGENB	√	√
F133#5	正向超程信号(PMC 轴控制)	EOTPB	√	√
F133#6	负向超程信号(PMC 轴控制)	EOTNB	√	√
F133#7	轴控制指令读取结束信号(PMC 轴控制)	EBSYB	√	√
F134#0	辅助功能选通信号(PMC 轴控制)	EMFB	√	√
F134#1	缓冲器满信号(PMC 轴控制)	EABUFB	√	√
F135,F145	辅助功能代码信号(PMC 轴控制)	EM11B~EM48B	√	√
F136#0	到位信号(PMC 轴控制)	EINPC	√	√
F136#1	零跟随误差检测信号(PMC 轴控制)	ECKZC	√	√
F136#2	报警信号(PMC 轴控制)	EIALC	√	√
F136#3	辅助功能执行信号(PMC 轴控制)	EDENC	√	√
F136#4	轴移动信号(PMC 轴控制)	EGENC	√	√
F136#5	正向超程信号(PMC 轴控制)	EOTPC	√	√
F136#6	负向超程信号(PMC 轴控制)	EOTNC	√	√
F136#7	轴控制指令读取结束信号(PMC 轴控制)	EBSYC	√	√
F137#0	辅助功能选通信号(PMC 轴控制)	EMFC	√	√
F137#1	缓冲器满信号(PMC 轴控制)	EABUFC	√	√
F138,F148	辅助功能代码信号(PMC 轴控制)	EM11C~EM48C	√	√
F139#0	到位信号(PMC 轴控制)	EINPD	√	√
F139#1	零跟随误差检测信号(PMC 轴控制)	ECKZD	√	√
F139#2	报警信号(PMC 轴控制)	EIALD	√	√
F139#3	辅助功能执行信号(PMC 轴控制)	EDEND	√	√
F139#4	轴移动信号(PMC 轴控制)	EGEND	√	√
F139#5	正向超程信号(PMC 轴控制)	EOTPD	√	√
F139#6	负向超程信号(PMC 轴控制)	EOTND	√	√
F139#7	轴控制指令读取结束信号(PMC 轴控制)	EBSYD	√	√
F140#0	辅助功能选通信号(PMC 轴控制)	EMFD	√	√

（续）

地址	信号名称	符号	T 系列	M 系列
F140#1	缓冲器满信号（PMC 轴控制）	EABUFD	√	√
F141，F151	辅助功能代码信号（PMC 轴控制）	EM11D～EM48D	√	√
F172#6	绝对位置编码器电池电压零值报警信号	PBATZ	√	√
F172#7	绝对位置编码器电池电压值低报警信号	PBATL	√	√
F177#0	从装置 I/O Link 选择信号	IOLNK	√	√
F177#1	从装置外部读取开始信号	ERDIO	√	√
F177#2	从装置读/写停止信号	ESTPIO	√	√
F177#3	从装置外部写开始信号	EWTIO	√	√
F177#4	从装置程序选择信号	EPRG	√	√
F177#5	从装置宏变量选择信号	EVAR	√	√
F177#6	从装置参数选择信号	EPARM	√	√
F177#7	从装置诊断选择信号	EDGN	√	√
F178#0～#3	组号输出信号	SRLNO0～SRLNO3	√	√
F180	冲撞式参考位置设定的转矩极限到达信号	CLRCH1～CLRCH4	√	√
F182	控制信号（PMC 轴控制）	EACNT1～EACNT4	√	√

其接口电路的对应关系也是唯一的，系统用户不可更改。

2. PMC 至 CNC 的信号地址 G

从 PMC 至 CNC 的信号地址有 G0～G255，其功能含义是由 FANUC 系统开发人员确定的，它们的具体含义见表 4-10。系统用户可以使用这些地址信号编写梯形图程序，来实现机床的某个功能。

譬如 G4.3 是结束信号，CNC 用它来实现 M、S、T 功能的结束，该指令必须编写到数控机床梯形图中，否则 M、S、T 功能所在程序段将无法结束运行，不能接着执行下面的程序段。

G7.2 为循环启动信号，CNC 只有接到这个下降沿信号，才能开始运行所调取的加工程序，这时可以用循环启动按钮的触点输入信号来控制该信号的线圈输出；

G8.4 为急停信号，当 CNC 接到该负逻辑信号时，机床会立即处于紧急停止状态。编程时，可以用 X8.4 的急停按钮触点输入信号来控制该信号的线圈输出。

G70.6 为串行主轴的定向指令信号，可以用 M19 的译码结果作为触点输入信号来控制该信号的线圈输出，从而实现 CNC 对串行主轴的定向准停功能。

G114～G116 为各轴超程信号，当 CNC 接到这些信号时，就会控制对应轴不再往该方向继续运动，从而保护机床不会超出设定好的行程范围。编程时，可以用行程限位的开关触点输入信号，来控制这些对应轴和方向的线圈输出信号等。

表 4-10 G 信号地址含义

地址	信号名称	符号	T 系列	M 系列
G000,G001	外部数据输入的数据信号	ED0～ED15	√	√
G002#0～#6	外部数据输入的地址信号	EA0～EA6	√	√
G002#7	外部数据输入的读取信号	ESTB	√	√
G004#3	结束信号	FIN	√	√
G004#4	第 2M 功能结束信号	MFIN2	√	√
G004#5	第 3M 功能结束信号	MFIN3	√	√
G005#0	辅助功能结束信号	MFIN		√
G005#1	外部运行功能结束信号	EFIN		√
G005#2	主轴功能结束信号	SFIN	√	√
G005#3	刀具功能结束信号	TFIN	√	√
G005#4	第 2 辅助功能结束信号	BFIN	√	
G005#6	辅助功能锁住信号	AFL	√	√
G005#7	第 2 辅助功能结束信号	BFIN		√
G006#0	程序再启动信号	SRN	√	√
G006#2	手动绝对值信号	*ABSM	√	√
G006#4	倍率取消信号	OVC	√	√
G006#6	跳转信号	SKIPP	√	
G007#1	启动锁住信号	STLK	√	
G007#2	循环启动信号	ST	√	√
G007#4	行程检测 3 解除信号	RLSOT3	√	
G007#5	跟踪信号	*FLWU	√	√
G007#6	存储行程极限选择信号	EXLM	√	√
G007#7	行程到限解除信号	RLSOT		√
G008#0	互锁信号	*IT	√	√
G008#1	切削程序段开始互锁信号	*CSL	√	√
G008#3	程序段开始互锁信号	*BSL	√	√
G008#4	急停信号	*ESP	√	√
G008#5	进给暂停信号	*SP	√	√
G008#6	复位和倒回信号	RRW	√	√
G008#7	外部复位信号	ERS	√	√
G009#0～4	工件号检索信号	PN1，PN2，PN4，PN8,PN16	√	√
G010,G011	手动移动速度倍率信号	*JV0～*JV15	√	√
G012	进给速度倍率信号	*FV0～*FV7	√	√
G014#0,#1	快速进给速度倍率信号	ROV1,ROV2	√	√
G016#7	F1 位进给选择信号	F1D		√
G018#0～#3		HS1A～HS1D	√	√
G018#4～#7	手轮进给轴选择信号	HS2A～HS2D	√	√
G019#0～#3		HS3A～HS3D	√	√
G019#4,#5	手轮进给量选择信号（增量进给信号）	MP1,MP2	√	√

（续）

地址	信号名称	符号	T系列	M系列
G019#7	手动快速进给选择信号	RT	√	√
G023#5	在位检测无效信号	NOINPS	√	√
G024#0～G025#5	扩展工件号检索信号	EPN0～EPN13	√	√
G025#7	扩展工件号检索开始信号	EPNS	√	√
G027#0		SWS1	√	√
G027#1	主轴选择信号	SWS2	√	√
G027#2		SWS3	√	√
G027#3		*SSTP1	√	√
G027#4	各主轴停止信号	*SSTP2	√	√
G027#5		*SSTP3	√	√
G027#7	Cs轮廓控制切换信号	CON	√	√
G028#1,#2	齿轮选择信号（输入）	GR1,GR2	√	√
G028#4	主轴松开完成信号	*SUCPF	√	
G028#5	主轴夹紧完成信号	*SCPF	√	
G028#6	主轴停止完成信号	SPSTP	√	
G028#7	第2位置编码器选择信号	PC2SLC	√	
G029#0	齿轮档选择信号（输入）	GR21	√	√
G029#4	主轴速度到达信号	SAR	√	√
G029#5	主轴定向信号	SOR	√	√
G029#6	主轴停信号	*SSTP	√	√
G030	主轴速度倍率信号	SOV0～SOV7	√	√
G032#0～G033#3	主轴电动机速度指令信号	R01I～R12I	√	√
G033#5	主轴电动机指令输出极性选择信号	SGN	√	√
G033#6		SSIN	√	√
G033#7	PMC控制主轴速度输出控制信号	SIND	√	√
G034#0～G035#3	主轴电动机速度指令信号	R01I2～R12I2	√	√
G035#5	主轴电动机指令输出极性选择信号	SGN2	√	√
G035#6	主轴电动机指令输出极性选择信号	SSIN2	√	√
G035#7	PMC控制主轴速度输出控制信号	SIND2	√	√
G036#0～G037#3	主轴电动机速度指令信号	R01I3～R12I3	√	√
G037#5	主轴电动机指令极性选择信号	SGN3	√	√
G037#6	主轴电动机指令极性选择信号	SSIN3	√	√
G037#7	主轴电动机速度选择信号	SIND3	√	√
G038#2	主轴同步控制信号	SPSYC	√	√
G038#3	主轴相位同步控制信号	SPPHS	√	√
G038#6	B-轴松开完成信号	*BECUP		√

（续）

地址	信号名称	符号	T 系列	M 系列
G038#7	B-轴夹紧完成信号	* BECLP		√
G039#0 ~ #5	刀具偏移号选择信号	OFN0 ~ OFN5	√	
G039#6	工件坐标系偏移值写入方式选择信号	WOQSM	√	
G039#7	刀具偏移量写入方式选择信号	GOQSM	√	
G040#5	主轴测量选择信号	S2TLS	√	
G040#6	位置记录信号	PRC	√	
G040#7	工件坐标系偏移量写入信号	WOSET	√	
G041#0 ~ #3		HS1IA ~ HS1ID	√	√
G041#4 ~ #7	手轮中断轴选择信号	HS2IA ~ HS2ID	√	√
G042#0 ~ #3		HS3IA ~ HS3ID		√
G042#7	直接运行选择信号	DMMC	√	√
G043#0 ~ #2	方式选择信号	MD1, MD2, MD4	√	√
G043#5	DNC 运行选择信号	DNCI	√	√
G043#7	手动返回参考点选择信号	ZRN	√	√
G044#0, G045	跳过任选程序段信号	BDT1, BDT2 ~ BDT9	√	√
G044#1	所有轴机床锁住信号	MLK	√	√
G046#1	单程序段信号	SBK	√	√
G046#3 ~ #6	存储器保护信号	KEY1 ~ KEY4	√	√
G046#7	空运行信号	DRN	√	√
G047#0 ~ #6	刀具组号选择信号	TL01 ~ TL64	√	
G047#0 ~ G048#0		TL01 ~ TL256		√
G048#5	刀具跳过信号	TLSKP	√	√
G048#6	每把刀具的更换复位信号	TLRSTI		√
G048#7	刀具更换复位信号	TLRST	√	√
G049#0 ~ G050#1	刀具寿命计数倍率信号	* TLV0 ~ * TLV9		√
G053#0	通用累计计数器启动信号	TMRON	√	√
G053#3	用户宏程序中断信号	UINT	√	√
G053#6	误差检测信号	SMZ	√	
G053#7	倒角信号	CDZ	√	
G054, G055	用户宏程序输入信号	UI000 ~ UI015	√	√
G058#0	程序输入外部启动信号	MINP	√	√
G058#1	外部阅读开始信号	EXRD	√	√
G058#2	外部阅读/传出停止信号	EXSTP	√	√
G058#3	外部传出启动信号	EXWT	√	√
G060#7	尾座屏蔽选择信号	* TSB	√	
G061#0	刚性攻螺纹信号	RGTAP	√	√

（续）

地址	信号名称	符号	T系列	M系列
G061#4,#5	刚性攻螺纹主轴选择信号	RGTSP1	√	
G062#1	显示器显示自动清屏取消信号	*显示器OF	√	√
G062#6	刚性攻螺纹回退启动信号	RTNT		√
G063#5	垂直/角度轴控制无效信号	NOZAGC	√	√
G066#0	所有轴VRDY OFF报警忽略信号	IGNVRY	√	√
G066#1	外部键输入方式选择信号	ENBKY	√	√
G066#4	回退信号	RTRCT	√	√
G066#7	键代码读取信号	EKSET	√	√
G067#6	硬复制停止请求信号	HCABT	√	√
G067#7	硬复制请求信号	HCREQ	√	√
G070#0	转矩限制LOW指令信号（串行主轴）	TLMLA	√	√
G070#1	转矩限制HIGH指令信号（串行主轴）	TLMHA	√	√
G070#3,#2	离合器/齿轮信号（串行主轴）	CTH1A,CTH2A	√	√
G070#4	CCW指令信号（串行主轴）	SRVA	√	√
G070#5	CW指令信号（串行主轴）	SFRA	√	√
G070#6	定向指令信号（串行主轴）	ORCMA	√	√
G070#7	机床准备就绪信号（串行主轴）	MRDYA	√	√
G071#0	报警复位信号（串行主轴）	ARSTA	√	√
G071#1	急停信号（串行主轴）	*ESPA	√	√
G071#2	主轴选择信号（串行主轴）	SPSLA	√	√
G071#3	动力线切换结束信号（串行主轴）	MCFNA	√	√
G071#4	软启动停止取消信号（串行主轴）	SOCAN	√	√
G071#5	速度积分控制信号（串行主轴）	INTGA	√	√
G071#6	输出切换请求信号（串行主轴）	RSLA	√	√
G071#7	动力线状态检测信号（串行主轴）	RCHA	√	√
G072#0	准停位置变换信号（串行主轴）	INDXA	√	√
G072#1	变换准停位置时旋转方向指令信号（串行主轴）	ROTAA	√	√
G072#2	变换准停位置时最短距离移动指令信号（串行主轴）	NRROA	√	√
G072#3	微分方式指令信号（串行主轴）	DEFMDA	√	√
G072#4	模拟倍率指令信号（串行主轴）	OVRA	√	√
G072#5	增量指令外部设定型定向信号（串行主轴）	INCMDA	√	√
G072#6	变换主轴信号时主轴MCC状态信号（串行主轴）	MFNHGA	√	√
G072#7	用磁传感器时高输出MCC状态信号（串行主轴）	RCHHGA	√	√

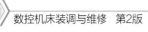
（续）

地址	信号名称	符号	T 系列	M 系列
G073#0	用磁传感器的主轴定向指令（串行主轴）	MORCMA	√	√
G073#1	从动运行指令信号（串行主轴）	SLVA	√	√
G073#2	电动机动力关断信号（串行主轴）	MPOFA	√	√
G073#4	断线检测无效信号	DSCNA	√	√
G074#0	转矩限制 LOW 指令信号（串行主轴）	TLMLB	√	√
G074#1	转矩限制 HIGH 指令信号（串行主轴）	TLMHB	√	√
G074#3,#2	离合器/齿轮档信号（串行主轴）	CTH1B,CTH2B	√	√
G074#4	CCW 指令信号（串行主轴）	SRVB	√	√
G074#5	CW 指令信号（串行主轴）	SFRB	√	√
G074#6	定向指令信号（串行主轴）	ORCMB	√	√
G074#7	机床准备就绪信号（串行主轴）	MRDYB	√	√
G075#0	报警复位信号（串行主轴）	ARSTB	√	√
G075#1	急停信号（串行主轴）	*ESPB	√	√
G075#2	主轴选择信号（串行主轴）	SPSLB	√	√
G075#3	动力线切换完成信号（串行主轴）	MCFNB	√	√
G075#4	软启动停止取消信号（串行主轴）	SOCNB	√	√
G075#5	速度积分控制信号（串行主轴）	INTGB	√	√
G075#6	输出切换请求信号（串行主轴）	RSLB	√	√
G075#7	动力线状态检测信号（串行主轴）	RCHB	√	√
G076#0	准停位置变换信号（串行主轴）	INDXB	√	√
G076#1	变换准停位置时旋转方向指令信号（串行主轴）	ROTAB	√	√
G076#2	变换准停位置时最短距离移动指令信号（串行主轴）	NRROB	√	√
G076#3	微分方式指令信号（串行主轴）	DEFMDB	√	√
G076#4	模拟倍率指令信号（串行主轴）	OVRB	√	√
G076#5	增量指令外部设定型定向信号（串行主轴）	INCMDB	√	√
G076#6	变换主轴信号时主轴 MCC 状态信号（串行主轴）	MFNHGB	√	√
G076#7	用磁传感器时 High 输出 MCC 状态信号（串行主轴）	RCHHGB	√	√
G077#0	用磁传感器的主轴定向指令（串行主轴）	MORCMB	√	√
G077#1	从动运行指令信号（串行主轴）	SLVB	√	√
G077#2	电动机动力关断信号（串行主轴）	MPOFB	√	√

（续）

地址	信号名称	符号	T 系列	M 系列
G077#4	断线检测无效信号（串行主轴）	DSCNB	√	√
G078#0～G079#3	主轴定向外部停止的位置指令信号	SHA00～SHA11	√	√
G080#0～G081#3		SHB00～SHB11	√	√
G091#0～#3	组号指定信号	SRLNI0～SRLNI3	√	√
G092#0	I/O Link 确认信号	IOLACK	√	√
G092#1	I/O Link 指定信号	IOLS	√	√
G092#2	Power Mate 读/写进行中信号	BGION	√	√
G092#3	Power Mate 读/写报警信号	BGIALM	√	√
G092#4	Power Mate 后台忙信号	BGEN	√	√
G096#0～#6	1%快速进给倍率信号	*HROV0～*HROV6	√	√
G096#7	1%快速进给倍率选择信号	HROV	√	√
G098	键代码信号	EKC0～EKC7	√	√
G100	进给轴和方向选择信号	+J1～+J4	√	√
G101#0～#3	外部减速信号 2	*+ED21～*+ED24	√	√
G102	进给轴和方向选择信号	-J1～-J4	√	√
G103#0～#3	外部减速信号 2	*+ED21～*+ED24	√	√
G102	进给轴和方向选择信号	-J1～-J4	√	√
G103#0～#3	外部减速信号 2	*-ED21～*-ED24	√	√
G104	坐标轴方向存储行程限位开关信号	+EXL1～+EXL4	√	√
G105		-EXL1～-EXL4	√	√
G106	镜像信号	MI1～MI4	√	√
G107#0～#3	外部减速信号 3	*+ED31～*+ED34	√	√
G108	各轴机床锁住信号	MLK1～MLK4	√	√
G109#0～#3	外部减速信号 3	*-ED31～*-ED34	√	√
G110	行程极限外部设定信号	+LM1～+LM4		√
G112		-LM1～-LM4		√
G114	超程信号	*+L1～*+L4	√	√
G116		*-L1～*-L4	√	√
G118	外部减速信号	*+ED1～*+ED4	√	√
G120		*-ED1～*-ED4	√	√
G124#0～#3	控制轴脱开信号	DTCH1～DTCH4	√	√
G125	异常负载检测忽略信号	IUDD1～IUDD4	√	√
G126	伺服关闭信号	SVF1～SVF4	√	√
G127#0～#3	Cs 轮廓控制方式精细加/减速功能无效信号	CDF1～CDF4	√	√
G130	各轴互锁信号	*IT1～*IT4	√	√

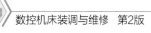

（续）

地址	信号名称	符号	T系列	M系列
G132#0～#3	各轴和方向互锁信号	+MIT1～+MIT4		√
G134#0～#3		−MIT1～−MIT4		√
G136	控制轴选择信号（PMC 轴控制）	EAX1～EAX4	√	√
G138	简单同步轴选择信号	SYNC1～SYNC4	√	√
G140	简单同步手动进给轴选择信号	SYNCJ1～SYNCJ4		
G142#0	辅助功能结束信号（PMC 轴控制）	EFINA	√	√
G142#1	累积零位检测信号	ELCKZA	√	√
G142#2	缓冲禁止信号（PMC 轴控制）	EMBUFA	√	√
G142#3	程序段停信号（PMC 轴控制）	ESBKA	√	√
G142#4	伺服关断信号（PMC 轴控制）	ESOFA	√	√
G142#5	轴控制指令读取信号（PMC 轴控制）	ESTPA	√	√
G142#6	复位信号（PMC 轴控制）	ECLRA	√	√
G142#7	轴控制指令读取信号（PMC 轴控制）	EBUFA	√	√
G143#0～#6	轴控制指令信号（PMC 轴控制）	EC0A～EC6A	√	√
G143#7	程序段停禁止信号（PMC 轴控制）	EMSBKA	√	√
G144,G145	轴控制进给速度信号（PMC 轴控制）	EIF0A～EIF15A	√	√
G146～G149	轴控制数据信号（PMC 轴控制）	EID0A～EID31A	√	√
G150#0,#1	快速进给倍率信号（PMC 轴控制）	ROV1E,ROV2E	√	√
G150#5	倍率取消信号（PMC 轴控制）	OVCE	√	√
G150#6	手动快速进给选择信号（PMC 轴控制）	RTE	√	√
G150#7	空运行信号（PMC 轴控制）	DRNE	√	√
C151	进给速度倍率信号（PMC 轴控制）	＊FV0E～＊FV7E	√	√
G154#0	辅助功能结束信号（PMC 轴控制）	EFINB	√	√
G154#1	累积零检测信号	ELCKZB	√	√
G154#2	缓冲禁止信号（PMC 轴控制）	EMBUFB	√	√
G154#3	程序段停信号（PMC 轴控制）	ESBKB	√	√
G154#4	伺服关闭信号（PMC 轴控制）	ESOFB	√	√
G154#5	轴控制暂停信号（PMC 轴控制）	ESTPB	√	√
G154#6	复位信号（PMC 轴控制）	ECLRB	√	√
G154#7	轴控制指令读取信号（PMC 轴控制）	EBUFB	√	√
G155#0～#6	轴控制指令信号（PMC 轴控制）	EC0B～EC6B	√	√
G155#7	程序段停信号（PMC 轴控制）	EMSBKB	√	√
G156,G157	轴控制进给速度信号（PMC 轴控制）	EIF0B～EIF15B	√	√
G158～G161	轴控制数据信号（PMC 轴控制）	EID0B～EID31B	√	√
G166#0	辅助功能结束信号（PMC 轴控制）	EFINC	√	√
G166#1	累积零检测信号	ELCKZC	√	√

（续）

地址	信号名称	符号	T系列	M系列
G166#2	缓冲禁止信号（PMC 轴控制）	EMBUFC	√	√
G166#3	程序段停信号（PMC 轴控制）	ESBKC	√	√
G166#4	伺服关断信号（PMC 轴控制）	ESOFC	√	√
G166#5	轴控制暂停信号（PMC 轴控制）	ESTPC	√	√
G166#6	复位信号（PMC 轴控制）	ECLRC	√	√
G166#7	轴控制指令读取信号（PMC 轴控制）	EBUFC	√	√
G167#0 ~ #6	轴控制指令信号（PMC 轴控制）	EC0C ~ EC6C	√	√
G167#7	程序段停禁止信号（PMC 轴控制）	EMSBKC	√	√
G168,G169	轴控制进给速度信号（PMC 轴控制）	EIF0C ~ EIF15C	√	√
G170 ~ G173	轴控制数据信号（PMC 轴控制）	EID0C ~ EID31C	√	√
G178#0	辅助功能结束信号（PMC 轴控制）	EFIND	√	√
G178#1	累积零检测信号	ELCKZD	√	√
G178#2	缓冲禁止信号（PMC 轴控制）	EMBUFD	√	√
G178#3	程序段停信号（PMC 轴控制）	ESBKD	√	√
G178#4	伺服关闭信号（PMC 轴控制）	ESOFD	√	√
G178#5	轴控制暂停信号（PMC 轴控制）	ESTPD	√	√
G178#6	复位信号（PMC 轴控制）	ECLRD	√	√
G178#7	轴控制指令读取信号（PMC 轴控制）	EBUFD	√	√
G179#0 ~ #6	轴控制指令信号（PMC 轴控制）	EC0D ~ EC6D	√	√
G179#7	程序段停禁止信号（PMC 轴控制）	EMSBKD	√	√
G180,G181	轴控制进给速度信号（PMC 轴控制）	EIF0D ~ EIF15D	√	√
G182 ~ G185	轴控制数据信号（PMC 轴控制）	EID0D ~ EID31D	√	√
G192	各轴 VRDY OFF 报警忽略信号（PMC 轴控制）	IGVRY1 ~ IGVRY4	√	√
G198	位置显示忽略信号	NPOS1 ~ NPOS4	√	√
G199#0	手摇脉冲发生器选择信号	IOLBH2	√	√
G199#1	手摇脉冲发生器选择信号	IOLBH3	√	√
G200	轴控制高级指令信号	EASIP1 ~ EASIP4	√	√

其接口电路的对应关系也是唯一的，系统用户不可更改。

3. PMC 至机床 MT 的信号地址 Y

PMC 至机床 MT 的信号地址有 Y0 ~ Y127，可以由系统用户自行分配接口和定义信号含义，它们主要用来点亮机床操作面板上的工作状态指示灯，以及驱动 DC 24V 继电器线圈工作，从而实现相应控制电路功能动作的控制。

譬如，亚龙 569A 型数控维修实训台的 Y3.6 是主轴正转输出信号，用它来控制 KA5。

4. 机床 MT 至 PMC 的信号地址 X

机床 MT 输入 PMC 的信号有 X0 ~ X127，除了表 4-11 中所列 X 信号地址含义是固定的，其他 X 地址信号接口含义可以由系统用户自行分配确定。

表 4-11　固定 X 信号地址含义

地址	信号名称	符号	T 系列	M 系列
X004#0	测量位置到达信号	XAE	√	√
X004#1		YAE		√
X004#1		ZAE	√	
X004#2		ZAE		√
X004#2,#4	各轴手动进给互锁信号	+MIT1,+MIT2	√	
X004#2,#4	刀具偏移量写入信号	+MIT1,+MIT2	√	
X004#2~#6，#0,#1	跳转信号	SKIP2~SKIP6,SKIP7,SKIP8	√	√
X004#3,#5	各轴手动进给互锁信号	−MIT1,−MIT2	√	
X004#3,#5	刀具偏移量写入信号	−MIT1,−MIT2	√	
X004#6	跳转信号（PMC 轴控制）	ESKIP	√	√
X004#7	跳转信号	SKIP	√	√
X004#7	转矩过载信号	SKIP	√	√
X008#4	急停信号	＊ESP	√	√
X009	参考点返回减速信号	＊DEC1~＊DEC4	√	√

5. 内部继电器地址 R

内部继电器又叫中间继电器，它是系统内部虚拟的继电器，用作程序编写时中间结果的存放，系统程序管理区域分为：

1）R0~R999 区域，用户可随机任意定义使用，只要不出现双线圈输出即可。

2）R9000 作为 ADDB、SUBB、MULB、DIVB 和 COMPB 功能指令运算结果输出寄存器。

3）R9000 作为 EXIN、WINDR、WINDW 功能指令错误输出寄存器。

4）R9000~R9005 作为 DIVB 功能指令的运算结果输出寄存器，执行 DIVB 功能指令后的余数输出到这些寄存器中。

5）R9091 为系统专用定时器，其含义确定。

① R9091.0 处于一直关断状态，为常"0"信号。

② R9091.1 处于一直接通状态，为常"1"信号。

③ R9091.5 不间断地循环 104ms 开，然后 96ms 关的 200ms 周期信号。

④ R9091.6 不间断地循环 504ms 开，然后 496ms 关的 1000ms 周期信号。

6. 计数器地址 C

C0~C80 区域用作计数器。其中，"计数器个数" = "字节数"/4，每个计数器的前两个字节是预置值，后两个为当前值，由于此区域为非易失性存储区域，因而即使系统断电，存储器中的内容也不会丢失。

7. 保持型继电器和非易失性存储器控制地址 K

K0~K19 区域用作保持型继电器和设定 PMC 参数；其中，K17~K19 为系统软件参数的设定。由于此区域为非易失性存储区域，因此即使系统断电，存储器中的内容也不会丢失。

8. 信息选择显示地址 A

A0~A24 区域用来作为信息显示请求地址。其中，请求显示信息数 = 字节数×8，此区域在系统上电时被清零。

9. 定时器地址 T

T0~T79 区域用作设定时间。其中，定时器个数 = 字节数/2，由于此区域为非易失性存储区域，因而即使系统关断，其中的内容也不会丢失。

10. 数据表地址 D

D0~D1859 区域用作设定存放需要集中的数据，它们是非易失性存储区域，即使系统关断，其中的内容也不会丢失。

4.4.3 PMC 常用指令

1. 程序结束指令

END1 表示第一级顺序程序结束，在顺序程序中必须给出一次，可在第一级程序结尾，或当没有第一级程序时，排在第二级程序开头。

END2 表示第二级程序结束，在第二级程序末尾给出。

END3 表示第三级程序结束，在第三级程序末尾给出。只有 PMC—M 型采用的是三级程序结构。

SPE 表示子程序结束，放在子程序最后，当此功能指令被执行时，控制将返回到调用子程序的功能指令后。

END 表示整个顺序程序结束，放在梯形图程序的最后。

这些程序结束指令的梯形图格式如图 4-46 所示。

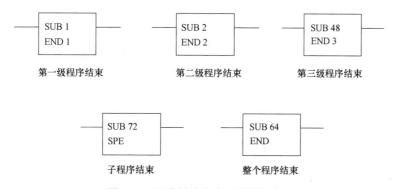

图 4-46 程序结束指令的梯形图格式

2. SP 子程序

把需要重复执行的功能模块化程序作为子程序来编辑，用 CALL（有条件）或 CALLU（无条件）命令由第二级程序进行调用，用 SP 功能指令生成一个子程序，放在子程序的开头，子程序名用 P1~P512 来指定，SPE 作为子程序结束标记，放在子程序最后，这样就确定了子程序的范围。

子程序指令梯形图指令格式如图 4-47 所示。

3. CALL 有条件地呼叫子程序

功能指令 CALL 可以有条件地呼叫某个子程序。在 CALL 中指定子程序号，当条件满足时，控制直接跳转到被呼叫的子程序开头位置。

CALL 梯形图指令格式如图 4-48 所示，当 ACT = 1 时，开始运行被呼叫的子程序。

图 4-47 子程序梯形图指令格式

图 4-48 CALL 梯形图指令格式

4. CALLU 无条件呼叫子程序

功能指令 CALLU 可以无条件地呼叫某个子程序。该指令梯形图格式如图 4-49 所示。

5. TMR 定时器

TMR 为延时导通定时器，该指令的梯形图指令格式如图 4-50 所示。当 ACT = 0 时，关闭定时继电器（TM00）；当 ACT = 1 时，定时器初始化开始，经过预置的时间后，输出 TM00 为 "1"。

图 4-49 CALLU 梯形图指令格式

图 4-50 TMR 梯形图指令格式

定时器号由设计者决定 1~8 号定时器设定时间的单位为 48ms，少于 48ms 的时间被舍弃；9~40 号定时器设定时间的单位为 8ms，少于 8ms 的时间会被舍弃。设定时间为 48ms 和 8ms 的整数倍后，所有余数都会被舍弃。

该定时器的时间设置在非易失型存储器中，如果需要，可以通过显示器/MDI 单元进行重新设置。如果使用的是 5 号定时器，则当设置 120ms 时，48ms 整数倍余 24ms 会被舍弃，实际执行的时间为 96ms。

图 4-51 所示为 TMR 定时器的工作时序图。当 ACT = 1 时，定时继电器接通，经过设定的时间后，输出 TM00 高电平信号，直至 ACT = 0，定时器复位。

6. TMRB 固定定时器

TMRB 固定定时器用作时间固定的延时导通定时器。该固定定时器的设定时间与顺序一起写入了 ROM 中，因此，一旦写入就不能修改，除非重新编辑梯形图。

TMRB 定时器指令的梯形图格式如图 4-52 所示，该固定定时器号为 1~100，预置时间范围为 8~262136ms，设定时间以 8ms 为单位，少于 8ms 的时间会被舍弃。

7. DEC 译码

DEC 译码指令主要用于 M、T 功能指令的译码，它的梯形图格式如图 4-53 所示。

ACT = 1 时开始译码，当两位 BCD 代码与给定数值相同时，输出 W1 为 "1"，不同时为 "0"；ACT = 0 时关闭译码并输出结果。

图 4-51 TMR 定时器工作时序图 　　　　 图 4-52 TMRB 梯形图指令格式

译码信号地址指定包含两位 BCD 代码信号的地址，译码指令分译码数值和译码位数两部分。译码值是指定译出的译码值，要求为两位数，译码位数为 01 时，只译低位数，高位数为 0；译码位数为 10 时，只译高位数，低位数为 0；译码位数为 11 时，高低位均译。

8. DECB 二进制译码

DECB 二进制译码指令可对一、二或四字节的二进制代码数据译码，主要用于 M 或 T 功能的数据译码，它的梯形图格式如图 4-54 所示。

图 4-53 DEC 译码梯形图指令格式

图 4-54 DECB 译码梯形图指令格式

其中：

（1）格式指定　在参数的第一位数据设定代码数据的大小。

0001 表示代码数据为一字节的二进制代码数据；0002 表示代码数据为二字节的二进制代码数据；0004 表示代码数据为四字节的二进制代码数据。

（2）代码数据地址　给定一存储代码数据的地址。

（3）译码指定数　共 8 个数，为指定数值 0、+1、+2、…、+7，给定要译码的 8 个连续数字的第一位，当所指定的八位连续数据之一与代码数据相同时，对应的输出数据位为 1；当没有相同的数时，输出数据为 0。

（4）译码结果地址　给定一个输出译码结果的地址。存储区必须有一字节的区域提供给输出。

9. CTR 计数器

CTR 计数器可通过系统参数以 BCD 格式或二进制格式使用，用于预置、计数及初始值的选择等功能，实现工件计数和转台控制，它的梯形图指令格式如图 4-55 所示，计数器号的范围为 0~20。

（1）功能

1）预置型计数器。当达到预置值后就会输出 W1 高电平信号，预置值可以通过显示器/MDI 设置或在顺序程序中设置。

图 4-55 CTR 梯形图指令格式

2）环形计数器。当达到预置值后，通过给出另一个计数信号返回初始值，它可以用于累加计数等情况。

3）加/减计数器。可以加计数或减计数，刀库可就近选刀控制时，刀库电动机正/反方向旋转，可以用到加/减计数器。

4）初始值的选择。可将初始值设定为 0 或 1。

（2）控制条件

1）指定初始值（CNO）。当 CNO = 0 时，计数器值由 0 开始（0、1、2、3、…、n）；当 CNO = 1 时，计数器值由 1 开始（1、2、3、…、n）。

2）指定上升型或下降型计数器。

加计数器：当 CNO = 0 时，计数器从 0 开始计数；当 CNO = 1 时，计数器从 1 开始计数。

减计数器：计数器由预置值开始计数。

3）复位 RST。当 RST = 0 时，解除复位；当 RST = 1 时，进行复位。只有要求复位时，才将 RST 设为 1；此时 W1 变为 0，计数值复位为初始值。

4）计数开始控制条件 ACT。ACT = 0 时，计数器不工作，W1 无变化；ACT = 1 时，该信号为上升沿，计数器开始计数。

10. CTRC 计数器

（1）功能

1）预置型计数器。对计数值进行预置，如果计数达到预置值，则输出信号。

2）环形计数器。当计数值到达预置值时，输入计数信号，复位到初始值，并重新计数。

3）加/减计数器。这是可逆计数器，既可用于做加，也可用于做减。

4）初始值的选择。初始值可设定为 0 或 1。

此计数器中的数据都是二进制的，CTRC 计数器指令的梯形图指令格式如图 4-56 所示。

（2）控制条件

1）指定初始值（CNO）。当 CNO = 0 时，计数器值由 0 开始（0、1、2、3、…、n）；当 CNO = 1 时，计数器值由 1 开始（1、2、3、…、n）。

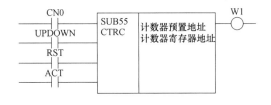

图 4-56 CTRC 梯形图指令格式

2）指定加/减计数器 UPDOWN。UPDOWN = 0：加计数器。CNO = 0 时，从 0 开始计数；CNO = 1 时，从 1 开始计数。

UPDOWN = 1：减计数器，初始值为预置值。

3）复位 RST。RST = 0 时不复位；RST = 1 时复位，W1 复位为 0，累计值复位为初始值。

4）计数开始控制条件 ACT。ACT = 0 时，计数器不工作，W1 无变化；ACT = 1 时，该信号为上升沿，计数器开始计数。

计数器预置值采用二进制，其范围为 0~32767。设定计数器预置值的第一个地址，此区域需要从第一个地址开始的连续 2 个字节的存储空间，一般使用 D 域。

设定计数器寄存器区域的首地址，此区域需要自首地址开始的连续 4 个字节的存储空间，一般使用 D 域。

11. ROT 旋转控制

ROT 旋转控制主要用于刀架及回转工作台等的回转控制，判断回转体下一步的回转方向，计算出要进行回转的步数，其梯形图指令格式如图 4-57 所示。

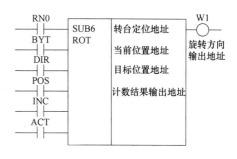

图 4-57 ROT 梯形图指令格式

（1）功能

1）选择短路径的回转方向。

2）计算由当前位置到目标位置的步数。

3）计算目标前一位置的位置或到目标前一位置的步数。

（2）控制条件

1）指定转台的起始号。RNO = 0 时，转台的位置号由 0 开始；RNO = 1 时，转台的位置号由 1 开始。

2）指定要处理数据的位数。BYT = 0 时，处理两位 BCD 代码；BYT = 1 时，处理四位 BCD 代码。

3）是否由短路径选择旋转方向。DIR = 0 时，不按短路径选择旋转方向，旋转方向仅为正向；DIR = 1 时，按短路径选择旋转方向。

转台旋转方向的规定如图 4-58 所示。

4）指定操作条件。POS = 0 时，为计数目标位置；POS = 1 时，为计数目标的前一个位置。

5）指定位置数或步数。

当 INC = 0 时，是计数位置数。如要计算目标位置的前一位置，则设置 INC = 0 和 POS = 1。

当 INC = 1 时，是计数步数。如要计算当前位置与目标位置之间的差距，则设置 INC = 1 和 POS = 0。

图 4-58 转台旋转方向的规定

6）执行指令。ACT = 0 时，不执行 ROT 指令，W1 没有改变；ACT = 1 时，执行 ROT 指令，W1 会发生改变。

一般设置 ACT = 0，如果需要操作结果，则设置 ACT = 1。

12. CODB 二进制代码转换

CODB 指令将二进制格式的数据转换为 1 字节、2 字节及 4 字节格式的二进制数据，转换表的容量最大为 256。

CODB 二进制代码转换指令的梯形图指令格式如图 4-59 所示。

（1）控制条件

1）复位 RST。RST = 0 时，不复位；RST = 1 时，将错误输出地址信号复位。

2）工作指令 ACT。ACT = 0 时，不执行 CODB 指令；ACT = 1 时，执行 CODB 指令。

（2）参数

1）格式指定。指定转换表中二进制数据

图 4-59 CODB 梯形图指令格式

的字节数，1 表示 1 个字节；2 表示 2 个字节；3 表示 3 个字节；4 表示 4 个字节。

2）转换表数据的数量。指定数据表的容量，转换表中可以容纳 256 个字节。

3）转换数据输入地址。转换表中的数据可从指定表号中取出，指定表号的地址称为转换数据输入地址，该地址需要 1 字节容量的存储器。

4）转换数据输出地址。存储器表中数据输出的地址称为转换数据输出地址，它是用来指定地址开始在格式规格中指定的存储器的字节数。

转换数据表的容量最大（256 个字节），该表编在参数转换数据输出地址与错误输出地址之间。

如果在 CODB 指令下执行进行时有异常，错误输出地址输出高电平信号，表明出现错误。

13. DCNV 数据转换

DCNV 指令是将二进制代码转换为 BCD 代码或将 BCD 代码转换为二进制代码，它的梯形图指令格式如图 4-60 所示。

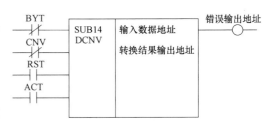

图 4-60　DCNV 梯形图指令格式

（1）控制条件

1）指定数据大小。BYT = 0 时，处理数据长度为一字节（8 位）；BYT = 1 时，处理数据长度为二字节（16 位）。

2）指定数据转换类型。CNV = 0 时，将二进制代码转换为 BCD 代码；CNV = 1 时，将 BCD 代码转换为二进制代码。

3）复位。RST = 0 时，解除复位；RST = 1 时，复位错误输出线圈信号，即错误输出线圈为高电平信号时，置 RST = 1，则错误输出线圈信号为 0。

4）执行指令。ACT = 0 时，数据不转换，错误输出线圈信号不变；ACT = 1 时，进行数据转换。

（2）错误输出地址　错误输出地址为低电平时，转换正常；错误输出地址为高电平时，转换出错。

被转换数据应为 BCD 数据而实际是二进制数据时，或将二进制数据转换为 BCD 数据超过预先指定的字节长度大小时，错误输出地址为高电平信号。

14. COMP 数值大小判别

COMP 数值大小判别指令主要用于对输入值和比较值进行大小比较判断，该指令的梯形图指令格式如图 4-61 所示。

图 4-61　COMP 指令梯形图指令格式

（1）控制条件

1）指定数据大小。BYT = 0 时，处理的是两位 BCD 输入值和比较值数据；BYT = 1 时，处理的是四位 BCD 输入值和比较值数据。

2）执行指令。ACT = 0 时，不执行 COMP 指令，结果输出地址信号不变；ACT = 1 时，执行 COMP 指令，结果输出到指定地址中。

（2）参数

1）输入数据指定格式。0 为常数指定输入数据；1 为地址指定输入数据。

2）输入数据。输入数据既可以用常数指定，也可以用存放地址来指定，这两种方式是用参数选择指定方法的。

3）比较值地址。指定存放比较数据的地址。

4）结果输出。基准数据大于比较数据时，结果输出地址为低电平信号；基准数据小于或等于比较数据时，结果输出地址为高电平信号。

15. COIN 一致性检测

COIN 一致性检测指令主要用于检测输入值与比较值的一致性（皆为BCD 数据），该指令的梯形图指令格式如图 4-62 所示。

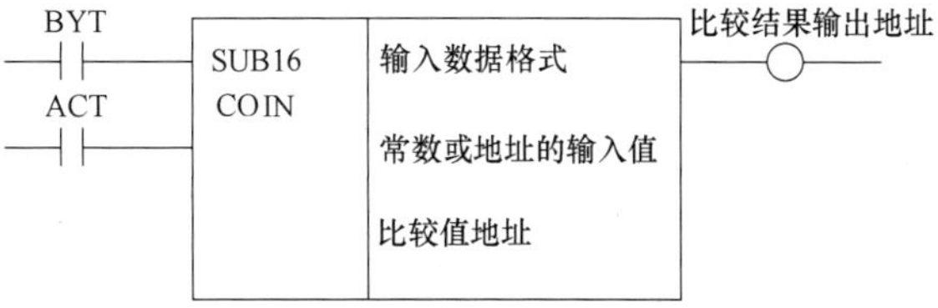

图 4-62　COIN 指令梯形图指令格式

（1）控制条件

1）指定数据大小。BYT = 0 时，处理的是两位 BCD 输入值和比较值数据；BYT = 1 时，处理的是四位 BCD 输入值和比较值数据。

2）执行指令。ACT = 0 时，不执行 COIN 指令，结果输出地址信号不变；ACT = 1 时，执行 COIN 指令，结果输出到指定地址中。

（2）参数

1）输入数据指定格式。0 为常数指定输入数据；1 为地址指定输入数据。

2）输入数据。输入数据既可以用常数指定，也可以用存放地址来指定，这两种方式是用参数选择指定方法的。

3）比较值地址。比较数据的存放地址。

4）结果输出。输入值与比较值不一致时，结果输出地址为低电平信号；输入值与比较值一致时，结果输出地址为高电平信号。

16. DISPB 信息显示

DISPB 信息显示指令用于在显示器上显示外部信息，然后可以通过指定信息号 A 来编写相应的报警信息，最多可编写 200 条信息。该指令的梯形图指令格式如图 4-63 所示。

图 4-63　DISPB 指令梯形图指令格式

1）当 ACT = 0 时，不显示任何信息。

2）当 ACT = 1 时，系统根据各信息显示请求地址位的状态，将信息数据表中设定的信息显示在显示器上，CNC 显示器上显示的内容见表 4-12。

其中，信息显示请求地址位存放在 RAM 中，信息数据表中设定的信息存放在 ROM 中。

显示器上可同时显示 3 条信息，每条信息最多可显示 32 个字符，汉字为双字节字符，系统不支持其显示。

表 4-12　CNC 显示器显示的报警信息

信息号	CNC 屏幕	显示内容
1000～1999	报警信息屏	报警信息（CNC 转到报警状态）
2000～2099	操作信息屏	操作信息
2100～2999		操作信息（无信号号） 注：只显示信息数据，不显示信息号

4.4.4 I/O 地址设定

各 I/O 模块的顺序程序地址是指 PMC 与 MT 侧间输入输出的地址，它是由机床生产厂家决定的。这些地址在编程时设定在编程器的存储器中，由编程者设定的地址信息与顺序程序一起写入 ROM 中，在写入 ROM 后，I/O 地址不可更改。这些地址取决于 I/O 基本单元的连接位置（组号和基座号），各模块在 I/O 基本单元中的安装位置（插槽号）和各模块名称。

1. I/O 地址的组成

（1）组号　通过使用附加 I/O 模块 AIFOIB，其连接于 I/O 接口模块 AIFOIA，最多可扩展到两个 I/O 单元。从 AIFOIA 扩展构成的两个 I/O 单元称为组，当一个接口模块不足以满足所要求的 I/O 点数，或多个 I/O 单元分别位于机床的不同位置时，可用电缆连接第一个 AIFOIA 和第二个 AIFOIA，最多可连接 16 组 I/O 单元。

（2）基座号　在 1 组中最多可连接 2 个基本单元，包含 I/O 接口模块 AIFOIA 的 I/O 单元指定基座号为 0，另一 I/O 单元指定基座号为 1。

（3）插槽号　I/O 基本单元 ABU05A、ABU10A 可分别安装最多 5 个或 10 个 I/O 模块。模块在 I/O 基本单元上的安装位置用插槽号表示。在各基本单元中，各 I/O 接口模块的安装位置依序从左到右指定为插槽号 0，插槽号 1，2，3，…。各模块可安装在任意插槽内，允许在各模块之间留有空槽。

（4）模块名称　模块名称以"A"打头。在指定模块时，打头的字符"A"可省略。

2. 设定各模块地址的方法

各模块的安装位置由组号、基座号、插槽号和模块名称表示，因此可由这些数据和输入/输出地址明确各模块的地址。当显示器上显示 I/O 单元地址画面后，设定必要的数据来指定模块地址。各模块所占用的 DI/DO 点数（字节数）存储在编程器中，因此仅需指定各模块的首字节地址，其余字节的地址由编程器自动指定。

I/O 模块地址的设定方法如下：

1）按"SYSTEM"键，再按扩展键，直至出现如图 4-64 所示的 PMC 画面。

2）按"PMCCNF"软键，再按扩展键，直至软键中出现模块，按"模块"软键，如图 4-65 所示。

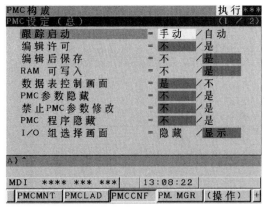

图 4-64　PMC 画面　　　　　　图 4-65　模块画面

3）按"操作"键，再按"编辑"键，出现如图 4-66 所示画面。

4）移动光标至首地址，按"删除"，如图 4-67 所示。

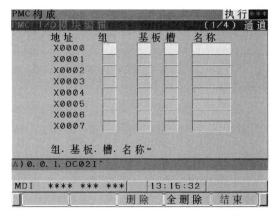

图 4-66 编辑画面　　　　　　　　图 4-67 删除画面

5）把光标移至要分配的首地址位置，通过 MDI 面板编辑"组·基板·槽·名称"，按"INPUT"键进行输入。

6）按"结束"软键，提示栏出现"程序要写到 FLASH ROM 中？"，选择"是"，完成设定，如图 4-68 所示。

3. 设定地址时的注意事项

1）模拟输入模块（AD04A）和模拟输出模块（DA02A）的首地址必须在各自的输入 X 地址和输出 Y 地址的偶数地址上。在从输入 X 地址读取 A/D 变换数值和向输出 Y 地址写入 D/A 转换数值时，读出和写入的数据都以字（16 位）为单位进行。

2）在对 PMC 进行操作时，要弄清楚 PMCDGN、PMCPRM、PMCLAD 的作用及里面的内容。

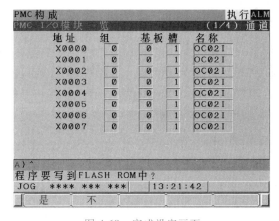

图 4-68 完成设定画面

PMCDGN 是对 PMC I/O 信号和内部继电器进行显示，内容包括标题数据显示屏、状态屏、报警屏、跟踪功能屏。

PMCPRM 是对 PMC 数据进行设置及显示，内容包括定时器、计数器、保持型继电器、数据表。

PMCLAD 是对顺序程序梯形图进行显示，内容包括梯形图的编辑、保存，以及梯形图的显示、设定等。

4. I/O Link i 地址分配

目前得到广泛应用的 FANUC 0i-F 系统，I/O 模块之间的连接已经能支持 I/O Link i 通信方式了，I/O Link i 通信方式比 I/O Link 通信方式的传输速度快得多。下面简单介绍 I/O Link i 地址分配的方法。

1）进行 I/O Link i 的设定。通过"System"找到 PMC，依次按"PMC 配置"键、右侧扩展键、"I/O Link i"键、"编辑"键、"新"键，对图 4-69 所示的 GRP、槽、输入和输出起始地址进行编辑。

2）进行 I/O Link i 的手轮设定。00 组 I/O 单元带手轮，先单击"属性"软键，再在 MPG 对应处输入"1"，如图 4-70 所示，此时会出现一个"＊"号，再单击"缩放"软键，接着按"下一槽"，在图 4-71 所示界面中，输入手轮所在 PMC、X 地址、字节大小。设置完成后，在 00 组处会出现一个"+"号，说明该组已有手轮（图 4-70）。

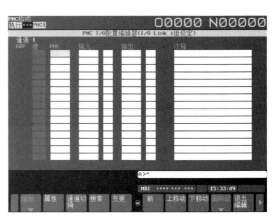

图 4-69 I/O Link i 的设定

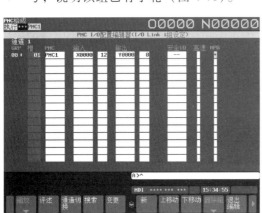

图 4-70 I/O Link i 的手轮设定（1）

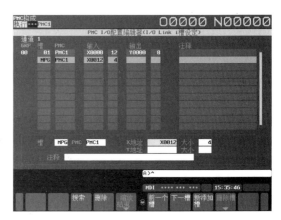

图 4-71 I/O Link i 的手轮设定（2）

手轮地址设定完成后，单击"缩放结束"，退出编辑，保存即可。

在 I/O Link i 的设定和 I/O Link i 的手轮设定完成后，按下"分配选择"→"有效"软键，当出现如图 4-72 所示画面时，即表示 I/O Link i 地址分配成功。

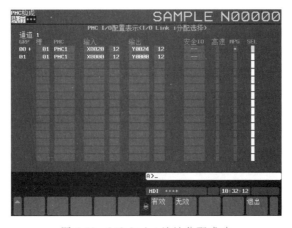

图 4-72 I/O Link i 地址分配成功

4.4.5 梯形图及 PMC 参数的备份与恢复

梯形图及 PMC 参数的备份与恢复可以使用 FANUC LADDER Ⅲ 软件，其使用方法如下。

（8）PMC 的
调试维修

1）运行 LADDER Ⅲ 软件，在该软件下新建一个类型与备份的 Memory-card（M-card）格式的 PMC 程序类型相同的空文件，如图 4-73 所示。

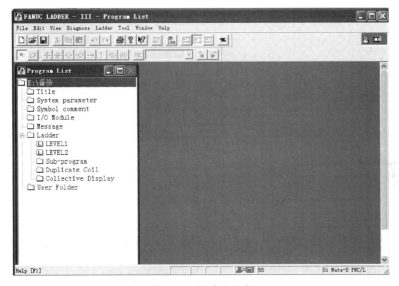

图 4-73　新建空文件

2）选择 FILE 中的"IMPORT"（即导入 M-card 格式文件），如图 4-74 所示。

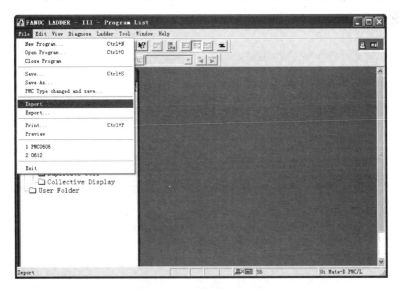

图 4-74　选择"IMPORT"

3）按软件提示导入源文件格式，选择 M-card 格式，如图 4-75 所示。
4）选择需要导入的文件（找到相应的路径），如图 4-76 所示。

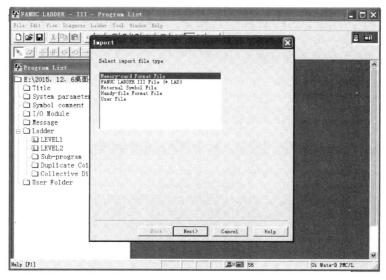

图 4-75 选择 M-card 格式

图 4-76 选择需要导入的文件

5）按提示打开该文件后，弹出一个导入完成对话框，如图 4-77 所示。

6）确定后，弹出如图 4-78 所示对话框，按默认选项，单击"Yes"键即可。

7）确定后，即可进入备份梯形图的编辑状态，如图 4-79 所示。

8）当离线编辑完成后，需要把计算机格式的梯形图文件转换成 M-card 格式，然后就可以将其存储到 M-card 上，通过 M-card 装载到 CNC 中，而不用通过外部的 RS-232 或网线进行传输，方便快捷。此时，利用 LADDER Ⅲ软件打开要转换的 PMC 程序，单击"TOOL"，在下拉菜单中选择"Compile"，将该程序编译成机器语言，如图 4-80 所示。

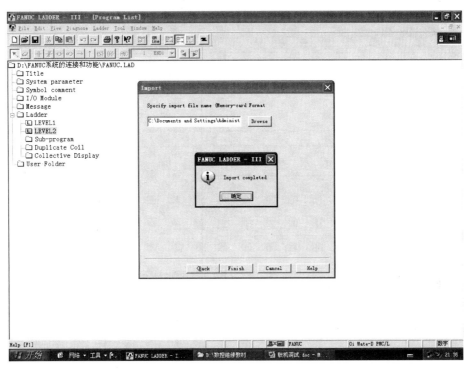

图 4-77 导入完成对话框

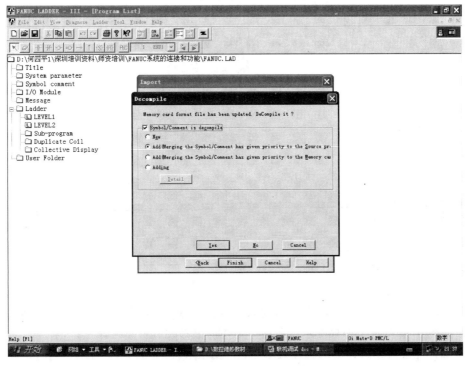

图 4-78 "Decompile" 对话框

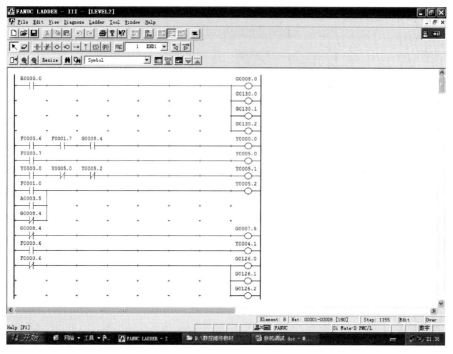

图 4-79　备份梯形图编辑状态

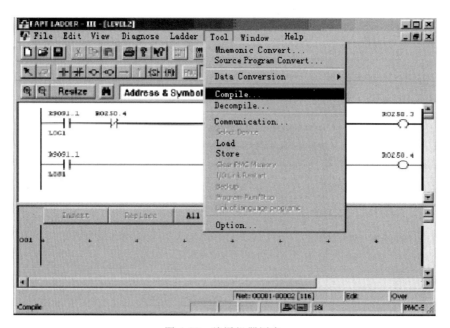

图 4-80　编译机器语言

9）编译后，弹出如图 4-81 所示对话框，单击"Exec"执行，如果没有提示错误，则编译成功，如图 4-82 所示；如果提示有错误，则要退出修改后重新编译。

10）编译完成后，选择 File 下拉菜单中的"Export"，如图 4-83 所示，此时，软件提示选择输出的文件类型，选择 M-card 格式。

图 4-81 单击"Exec"键

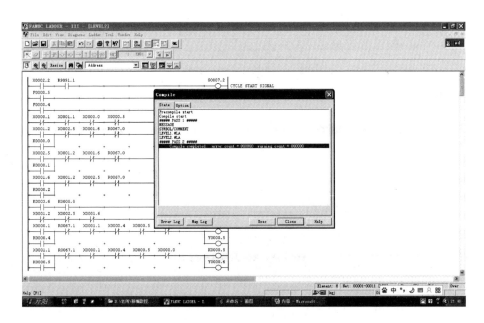

图 4-82 编译成功画面

11）选择存储卡格式，单击"Next"，弹出如图 4-84 所示对话框。

12）单击"Browse"键，弹出如图 4-85 所示对话框。

13）按指定路径和文件名进行保存，即为离线编辑好并转换成存储卡格式的梯形图，可直接用存储卡将其输入数控机床的系统使用。

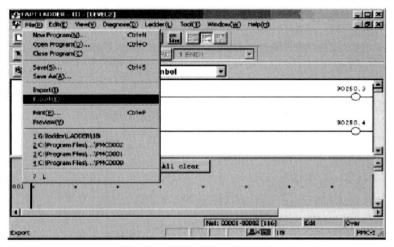

图 4-83 选择"M-card"格式

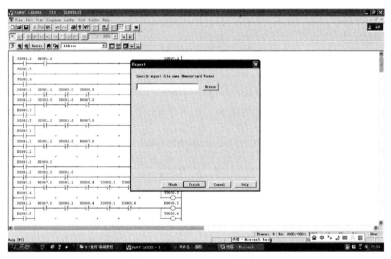

图 4-84 "Export"对话框

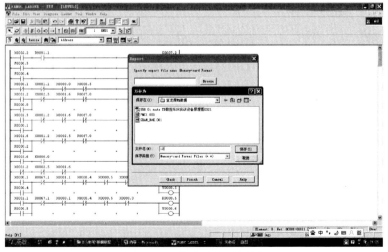

图 4-85 "另存为"对话框

4.5 其他通信软件

WINPCIN 是西门子公司开发的数控系统数据传输软件，它也可用于 FANUC 数控系统的数据传输。

使用时，先在机床系统中设置好传输使用的波特率、通道等参数，并使用按 FANUC 要求的 RS232 通信协议配置的线缆，在断电情况下把数控系统与计算机连接起来。

1）打开安装在计算机中的 WINPCIN 软件，如图 4-86 所示。

2）设置通信的文本制格式，如图 4-87 所示。

图 4-86　打开 WINPCIN 软件

图 4-87　设置通信文本制格式

3）设置 RS232 通信参数，如图 4-88 所示。

4）在图 4-89 所示的对话框中，设置波特率为 9600，然后保存并激活、返回。

图 4-88　设置 RS232 通信参数

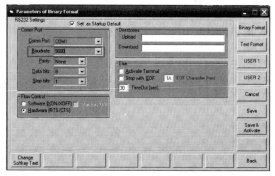

图 4-89　设置波特率

5）如图 4-90 所示，按要求选择"Receive Data"（接收数据）或"Send Data"（发送数据）。

6）在完成相应地址、文件的选择后，进行数据传送，如图 4-91 所示。

需要注意的是，无论是 CNC 向计算机传输还是计算机向 CNC 传输，必须先打开接收端。

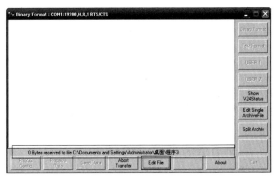

图 4-90 按要求选择接收或发送数据　　　　　图 4-91 数据传送

4.6 数控机床功能调试

（9）机床功能的
PMC 状态检测

4.6.1 工作方式的调试

工作方式是数控机床工作时的先行条件，由于数控机床功能较多，为了得到预想的加工效果，必须选择好其工作方式。

数控机床不同的工作方式是由 G43.0、G43.1、G43.2、G43.5 和 G43.7 几个信号组合控制的，工作方式与信号组合的关系及工作方式的检测信号见表 4-13。

方式选择信号为格雷码（代码中仅有 1 位与相邻位不同），为防止方式切换错误，使用多层波段开关以确保相邻方式间仅有 1 位发生变化。

其中增量进给方式和手轮进给方式不能同时生效，如果没有选择手轮进给方式，则增量进给方式生效；若选择了手轮进给方式，则手轮进给方式生效。

采用 MDI 工作方式时，G43.0、G43.1、G43.2、G43.5 和 G43.7 都为零，这样可以保证在系统还没有连接操作面板时就能进行 MDI 方式下的手动数据输入等工作。

表 4-13 工作方式信号

工作方式	信号状态					方式检测信号
	G43.7	G43.5	G43.2	G43.1	G43.0	
编辑	0	0	0	1	1	F3.6
自动	0	0	0	0	1	F3.5
MDI	0	0	0	0	0	F3.3
手轮进给	0	0	1	0	0	F3.1
增量进给	0	0	1	0	0	F3.0
JOG 进给	0	0	1	0	1	F3.2
手动回参考点	1	0	1	0	1	F4.5
DNC 运行	0	1	0	0	1	F3.4

机床工作方式如果采用按钮作为操作开关，一般需要有工作方式状态指示灯，编程时，一般使用方式检测信号作为点亮状态指示灯的输入信号，这样直接明了且可靠。

亚龙 569A 型教学维修实训台工作方式的 PMC 程序如图 4-92 所示，工作方式选择按钮及状态指示灯地址分别为：

手轮 Z 运行方式——按钮输入 X0.0，状态指示灯 Y1.3。

返回参考点方式——按钮输入 X0.1，状态指示灯 Y0.5。

手轮 X 运行方式——按钮输入 X0.5，状态指示灯 Y0.2。

手动 JOG 运行方式——按钮输入 X1.1，状态指示灯 Y0.6。

自动运行方式——按钮输入 X1.2，状态指示灯 Y1.2。

MDI 方式——按钮输入 X1.6，状态指示灯 Y1.4。

编辑方式——按钮输入 X2.5，状态指示灯 Y1.6。

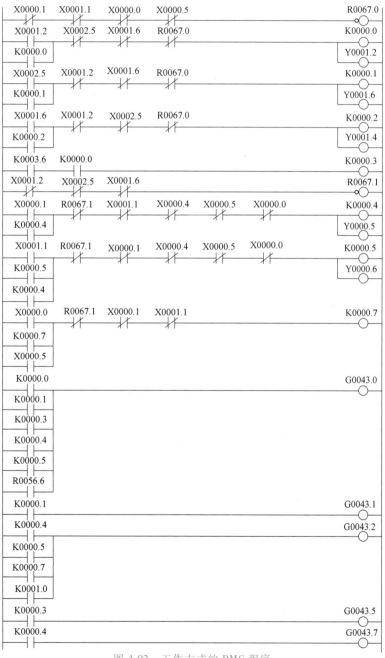

图 4-92　工作方式的 PMC 程序

当按下自动运行按钮 X1.2 时，由于返回参考点方式 X0.1、手动 JOG 运行方式 X1.1、手轮 Z 运行方式 X0.0、手轮 X 运行方式 X0.5、编辑方式 X2.5、MDI 方式 X1.6 都是低电平，所以保持型继电器 K0.0 线圈输出高电平信号，同时 Y1.2 输出高电平信号，用来点亮自动运行方式状态指示灯。当 K0.0 线圈得电，K0.0 触点闭合，G43.0 得电时，自动运行方式选中。

当按下编辑方式按钮 X2.5 时，K0.1 得电，G43.0 和 G43.1 得电，此时编辑方式选中。

同理，其他工作方式也可通过该控制程序来实现，该设备没有 DNC 运行方式按钮开关，通过程序可以看出，需要使用 DNC 运行方式功能时，在保持型继电器参数中使 K3.6 置 "1"，同时按下自动运行按钮 X1.2 即可。

4.6.2　数控车换刀功能的调试

数控车床自动换刀时，需要把目标刀具转到工作位置，然后将其锁紧进行切削加工。由前面数控车床电动刀架机械拆装结构可以看出，换刀的完整动作是正转选刀，反转锁紧。亚龙 569A 型教学维修实训台数控车换刀功能的 PMC 程序如图 4-93 所示，换刀功能相关的地址分别为：

手动选刀按钮——X0.2，手动选刀指示灯——Y6.1。

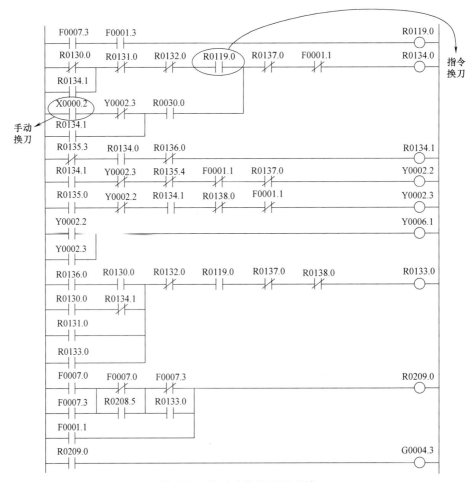

图 4-93　换刀功能的 PMC 程序

1~4 号刀的输入信号——依次为 X3.0、X3.1、X3.2、X3.3。

刀架正转控制输出信号——Y2.2。

刀架反转控制输出信号——Y2.3。

当运行换刀程序 T 指令时，NC 发送给 PMC 刀具选通信号 F7.3 及分配结束信号 F1.3，使得 R119.0 得电，R119.0 通过指令换刀方式使 R134.0 得电。由该程序段可以看出，当按下手动换刀 X0.2 按钮时，也可使 R134.0 得电（手动方式时，R30.0 得电），R134.0 使得 R134.1 得电，R134.1 最后使得 Y2.2 输出高电平信号，从而控制外部刀架正转回路通，实现正转选刀动作。

在图 4-94 所示程序中，刀位编码通过 R120.0、R120.1、R120.2 逻辑乘数据传送至 K9，

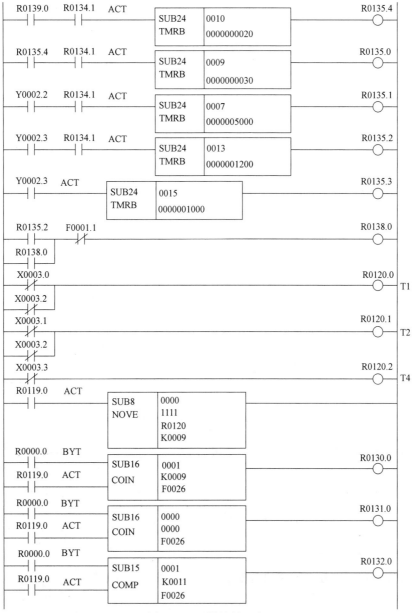

图 4-94 反转锁紧程序

然后对处理得到的刀位编码信号 K9 与刀具功能代码信号 F26 进行一致性检测。如果数据一致，则 R130.0 得电，控制 R139.0 得电，20ms 后 R135.4 得电，从而使得 Y2.2 失电，正转停止，同时经过 30ms 后，R135.0 得电，使得 Y2.3 输出高电平信号，从而控制外部刀架电动机反转回路接通，实现反转锁紧动作。

若 Y2.2 高电平 5000ms 后，还没有找到所选刀号，则用 R135.1 控制 R137.0 得电，使得 Y2.2 失电停止正转；反转 1200ms 后，R135.2 得电，使得 R138.0 得电，从而控制 Y2.3 失电，反转锁紧动作结束。1200ms 的时间需要机电联调确定，时间过短不能锁紧，时间过长则会损害电动机及机械结构。

4.6.3 加工中心换刀功能的调试

（10）加工中心换刀功能分析

加工中心换刀是一个非常重要的功能，它比数控车床电动刀架换刀要复杂些。

加工中心换刀的方式，一般是利用刀库和主轴间相对运动来实现换刀，或者利用机械手来实现换刀，下面就以机械手实现换刀为例来讲解换刀功能的调试。

1. 机械手换刀的工作流程

机械手换刀与刀库相对主轴移动换刀最大的区别是，机械手采用随机换刀的方式，刀套和刀号不需一一对应，其工作流程如图 4-95 所示。

2. 换刀参考点的调试

无论是利用刀库与主轴间相对运动来实现换刀，还是利用机械手来实现换刀，都需要调试好控制主轴沿 Z 轴方向运动的第一参考点和第二参考点。第一参考点为取刀点和换刀点，对于利用刀库与主轴间相对运动来实现换刀的加工中心来说，该点位于与旋转刀库等高的位置。其装调方法是，在主轴和刀库（与主轴正对的空位）上各安装一把下底面是平面的带 7∶24 锥柄的专用胎具，然后在工作台上架上磁力表座和百分表，移动 X 轴，用表头检测胎具的下表面，调整 Z 轴位置，使得主轴与旋转刀库等高。此时，按"POS"键，记录下当前 Z 轴位置的坐标值，把该坐标值输入 1240 参数中即可。它就是调试好的第一参考点，可以保证刀库或机械手夹持刀柄的手爪半圆环 V 形凸起能与刀柄上的 V 形槽正对，机械手夹持刀柄的手爪形状如图 4-96 所示。

3. 主轴准停功能的调试

加工中心主轴定向准停一般是通过安装在机床主轴上的位置检测器进行主轴位置反馈，来使主轴停止在某一预定位置上，它的配置有如下这几种。

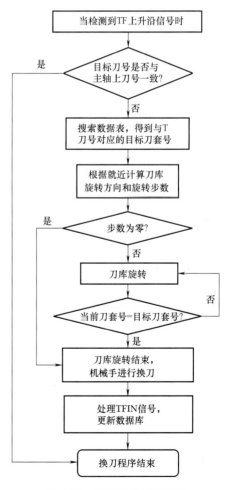

图 4-95 机械手换刀流程图

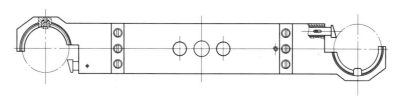

图 4-96 机械手夹持刀柄的手爪形状

1）α 位置编码器（S）的形式，如图 4-97 所示。

2）内装式电动机的形式，如图 4-98 所示。

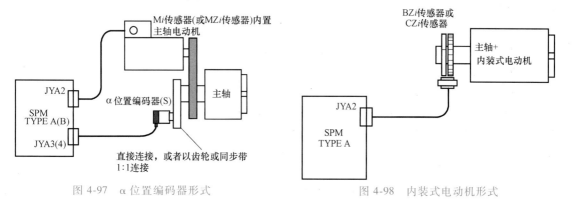

图 4-97 α 位置编码器形式

图 4-98 内装式电动机形式

3）MZ*i* 传感器内置电动机的形式，如图 4-99 所示。

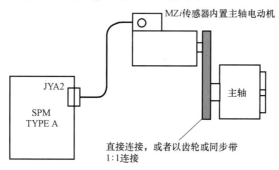

图 4-99 MZ*i* 传感器内置电动机形式

4）分离式 BZ*i* 传感器、分离式 CZ*i* 传感器的形式，如图 4-100 所示。

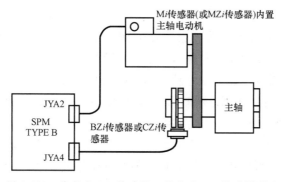

图 4-100 分离式 BZ*i* 传感器、分离式 CZ*i* 传感器形式

5）外部接近开关的形式，如图 4-101 所示。

由于加工中心的主轴孔与刀柄配合的锥度采用国标 7∶24 的锥度，所以，切削时产生的周向切削力主要靠主轴下端面 180°分布的两个凸起键与刀柄上的键槽配合来传递。采用该结构无论是利用刀库与主轴间的相对运动实现换刀，还是利用机械手实现换刀，换刀前，都需要主轴准确停止在刀库中安装好待用刀柄对应的位置，以便机械手或刀库抓刀的刀爪上凸起键能与主轴中待换刀柄键槽正对，这就需要将主轴准停功能调试到位。

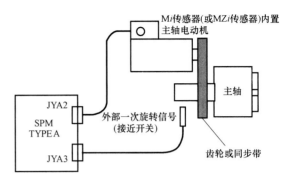

图 4-101　外部接近开关形式

主轴准停功能的调试方法如下：

1）在 PMC 程序中，先对 M19 进行译码，再用译码结果来控制主轴准停信号的输出，NC 用 PMC 输出给它的 G70.6 信号来控制伺服主轴电动机的准停。它的梯形图程序如图 4-102 所示。

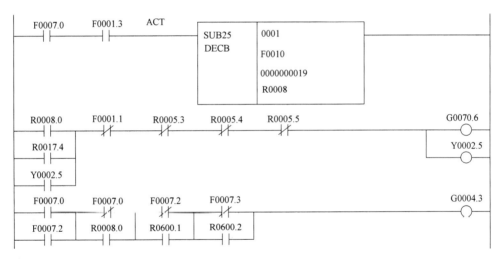

图 4-102　主轴准停控制梯形图程序

2）参数 3117#1 置 "1"。

3）在手动方式下，按主轴准停按钮，或在 MDI 方式下运行 M19 指令，使主轴停在固定角度，观察主轴下端面两个键是否与抓刀手爪凸起键的位置对应，若不对应，则按复位键让主轴呈自由状态，用手转动主轴，使主轴处于要调整的目标角度位置。

4）按 "SYSTEM" 键，找到诊断画面，读取诊断 445 号中的数值。

5）将此时诊断 445 号的数据输入参数 4077 中即可。

4. 机械手换刀的宏程序

换刀程序可以使用梯形图进行编辑完成，但其程序量大、复杂，影响梯形图扫描其他功能指令的周期。而宏程序具有可读性强、易于编写、随时可以方便调用的特点，所以，一般考虑运用梯形图结合宏程序来完成换刀。

下面是以 FANUC 系统为平台，编辑使用 M06 调用的 O9001 宏程序。

```
O9001;
N1 #1103 = 0;                         换刀开始标志位
N2 IF［#1002EQ1］GOTO19;               T 代码等于主轴上刀号，换刀结束
N3 G91G30P2Z0;                        Z 轴回换刀位，等待
N4 M19;                               主轴定向
N5 #1100 = 1;                         Z 轴回换刀位，主轴定向完成后，置位
N6 IF［#1000EQ1］GOTO8;                若 T 代码检索完成，跳转至 N8 执行
N7 GOTO4;                             若 T 代码检索未完成，跳转至 N4 执行
N8 M43;                               刀套倒下
N9 M45;                               扣刀
N10 M41;                              主轴松刀
N11 M46;                              拔刀插刀
N12 M42;                              主轴刀具卡紧
N13 M47;                              刀臂回原位
N14 #1102 = 1;                        换刀完成输出标志位 1
N15 M44;                              刀套上，回原位
N16 #1101 = 1;                        数据表数据交换指令，可进行数据交换
N17 IF［#1001EQ1］GOTO19;              若数据交换完成，跳转至 N19 执行
N18 GOTO15;                           若数据交换未完成，跳转至 N15 执行
N19 #1100 = 0;
N20 #1101 = 0;
N21 #1102 = 0;
N22 #1103 = 1;
N23 M99;                              返回主程序
```

5. 机械手换刀的 PMC 程序

宏程序中涉及的 M 代码由 PMC 梯形图来处理，实现外部输出给相应的继电器，从而实现换刀需要的机械动作。

梯形图中的大部分逻辑关系都易于实现，相对较为复杂的刀库就近旋转方向的程序编辑如图 4-103 和图 4-104 所示。

6. 主轴孔吹气功能

加工中心自动换刀时，需要提前清洁主轴孔和待装刀具刀柄的配合锥面，以保证新换上刀具的定位精度，它的清洁方式一般采用主轴孔吹气功能。

当主轴孔需要吹气时，气路末端通过接头连接于松刀气缸上部伸出的活塞杆上，活塞杆中空，在气缸活塞下行松刀到位的瞬间，吹气气路打开，且活塞下端与主轴之间通过相关零件接触形成了密封，气体即通过主轴中心到达锥孔，在换刀全过程中始终保持吹气，直到换

刀完毕才中断吹气。它可以保证在换刀过程中，吹去主轴锥孔及刀柄表面粘附的异物颗粒，并防止在换刀过程中有外界异物进入，保持其表面清洁。

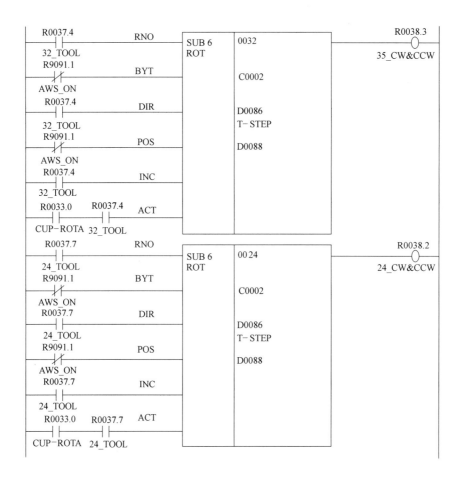

图 4-103　刀库就近旋转方向 PMC 程序（1）

4.6.4　主轴功能及主轴倍率的调试

1. 主轴功能 PMC 程序的调试

数控机床切削需要的主运动是由调试好的主轴功能实现的，主轴功能的运行有手动和自动两种方式，手动方式可以实现主轴正转、反转、停止及点动，自动方式可以实现主轴正转、反转、停止。亚龙 569A 型教学维修实训台数控车主轴功能的 PMC 程序如图 4-105 所示，主轴功能相关的地址分别为：

主轴停止手动按钮——X11.2。

主轴点动按钮——X11.3。

主轴正转手动按钮——X11.5，主轴正转灯——Y7.2。

主轴反转手动按钮——X11.6，主轴反转灯——Y7.4。

主轴正转——Y3.7。

主轴反转——Y3.6。

图 4-104　刀库就近旋转方向 PMC 程序（2）

辅助功能代码 M03、M04、M05 经过数据转换和译码处理后，输出 R200.3、R200.4、R200.5 高电平信号，用它们分别控制主轴正转 Y3.7 高电平输出信号、主轴反转 Y3.6 高电平输出信号及主轴停止 Y3.7 /Y3.6 低电平输出信号，从而控制主轴的正反转及主轴停止。当主轴点动按钮 X11.3 按下时，R151.6 得电，Y3.7 得电；松开按钮 X11.3 时，R151.6 失电，Y3.7 失电，从而实现主轴点动功能。当按下主轴正转手动按钮 X11.5 时，R150.0 通过自保持得电，Y3.7 得电，实现主轴持续正转。当按下主轴停止手动按钮 X11.2 或运行 M05 指令时，Y3.7 失电，主轴停止。主轴手动反转同理。

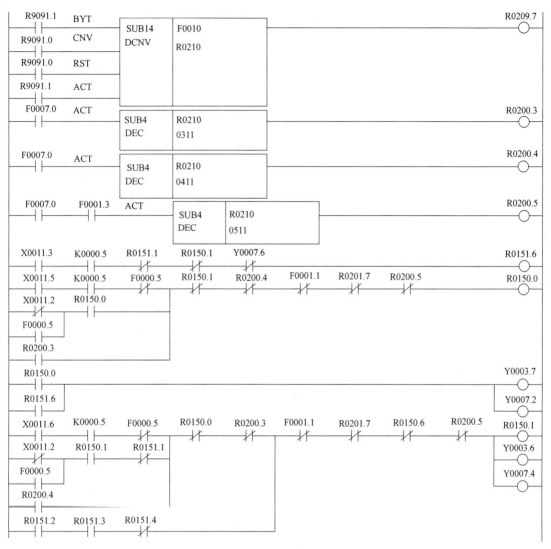

图 4-105　主轴功能的 PMC 程序

2. 主轴功能相关参数的调试

（1）模拟量主轴的设定

1）8133#5 置"1"为使用模拟量主轴。

2）3713#4 置"0"为不使用主轴倍率信号，置"1"为使用主轴倍率信号。

3）3716#0 置"0"时，主轴电动机种类为模拟量主轴。

4）3720 为主轴位置编码器的脉冲数。

5）3730 为模拟主轴速度模拟输出的增益，当指定速度与显示速度有差异时，可调整该参数，调整数据范围为 700~1250。

6）3736 为主轴电动机的最高钳制速度。在 8133#0 置"1"（使用恒转速功能）或 3706#4 置"1"时，该钳制无效，此时要使用 3772 来设定主轴最高速度。

（2）串行主轴的设定

1）8133#5 置 "0" 为使用串行主轴。

2）3716#0 置 "1" 时，主轴电动机种类为串行主轴。

3）4133 为电动机代码。

4）4002#0 置 "1" 为内置编码器。

5）4020 为主轴电动机的最高转速。

6）4019#7 置 "1" 后重启机床，将自动设定串行接口主轴放大器相关参数。

3. 主轴倍率的调试

主轴倍率是完整实现主轴功能的一个重要方面，通过操作面板上主轴倍率波段开关可以随机调整主轴的实际转速，以使机床达到最佳切削状态。配合主轴功能实现主轴倍率的控制程序如图 4-106 所示，主轴倍率相关的地址分别为：

1）主轴倍率选择波段开关信号——X10.7、X11.0、X11.1。

2）三位波段开关信号 X10.7、X11.0、X11.1 经过 R55 编码，使用逻辑乘数据传送给 K10，再用二进制代码转换指令把 K10 转换成主轴速度倍率信号 G30，从而实现主轴倍率功能。

3）二进制代码转换指令对应的数据表中的设定值为主轴倍率 $n\%$ 的 n 值。

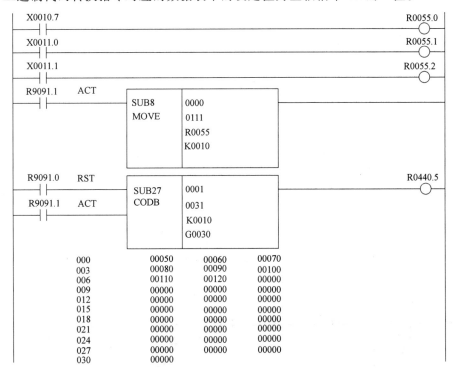

图 4-106 配合主轴功能实现主轴倍率的控制程序

4.6.5 进给功能及进给倍率的调试

1. 进给功能的调试

数控机床的伺服进给有自动和手动两种方式。自动方式下的快速进给是由 NC 运行 G00

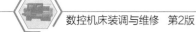

指令实现目标点定位，自动方式下的直线或圆弧切削进给是由 NC 运行 G01/G02/G03 指令，按插补计算结果来控制运行轨迹；手动 JOG 方式进给是通过操作面板上的按钮，由 PMC 程序控制运行手动进给功能。亚龙 569A 型教学维修实训台数控车手动进给功能的 PMC 程序如图 4-107 所示，手动进给功能相关的地址分别为：

X 轴正方向手动进给按钮——X10.0，X 轴负方向手动进给按钮——X10.4。

Z 轴正方向手动进给按钮——X7.6，Z 轴负方向手动进给按钮——X10.2。

快速移动按钮——X10.5。

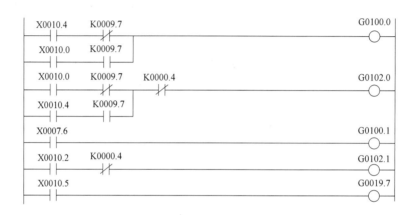

图 4-107　手动进给功能的 PMC 程序

从程序中可看出，通过按下操作面板上的各轴进给和方向按钮来控制 G100（+J1~+J4 各进给轴和方向选择信号）和 G102（-J1~-J4 各进给轴和方向选择信号），从而实现机床手动连续进给；按下 X10.5 快移按钮，使得手动快速进给选择信号 G19.7 得电，实现快速进给有效。

2. 进给倍率的调试

机床操作面板上的进给倍率开关的作用是在进给过程中方便实现随机调整进给速度，有快速进给速度倍率、手动移动速度倍率和自动进给速度倍率三种，快速进给倍率的 PMC 程序如图 4-108 所示，相关的地址分别为：

快速倍率 F0 按钮——X0.6，快速倍率 F0 指示灯——Y0.0。

快速倍率 F25% 按钮——X1.3，快速倍率 25% 指示灯——Y0.1。

快速倍率 F50% 按钮——X1.7，快速倍率 50% 指示灯——Y1.7。

快速倍率 F100% 按钮——X2.0，快速倍率 100% 指示灯——Y0.7。

程序中，按下各快速倍率按钮后，在点亮对应状态指示灯的同时，也使得快速进给速度倍率信号 G14.0 和 G14.1 按表 4-14 所示要求得电。

手动移动速度倍率和自动进给速度倍率的 PMC 程序如图 4-109 所示，其相关的地址分别为：

手动 JOG 进给倍率波段开关——X7.0~X7.4。

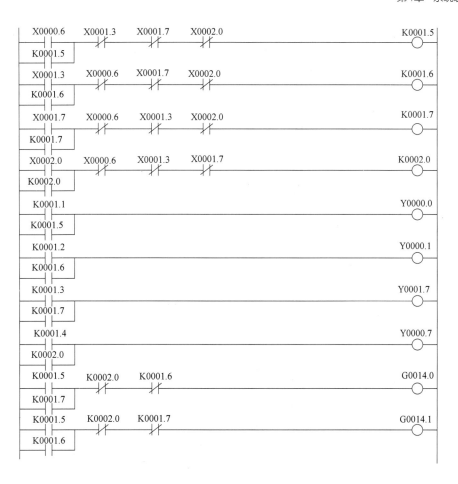

图 4-108　快速进给倍率的 PMC 程序

表 4-14　得电规律

倍率值	快速进给速度倍率	
	G14.0	G14.1
F0	1	1
25%	1	0
50%	0	1
100%	0	0

　　五位波段开关信号 X7.0~X7.4，使用逻辑乘数据传送给 K5，然后分别用二进制代码转换指令把 K5 转换成手动移动速度倍率信号 G10 和自动进给速度倍率信号 G12，从而实现手动移动速度倍率和自动进给速度倍率的功能。

　　手动移动速度倍率的二进制代码转换指令对应的数据表中，若手动移动速度倍率为 $n\%$，则设定值为 $-(100n+1)$。

　　自动进给速度倍率的二进制代码转换指令对应的数据表中，若自动进给速度倍率为 $n\%$，则设定值为 $-(n+1)$。

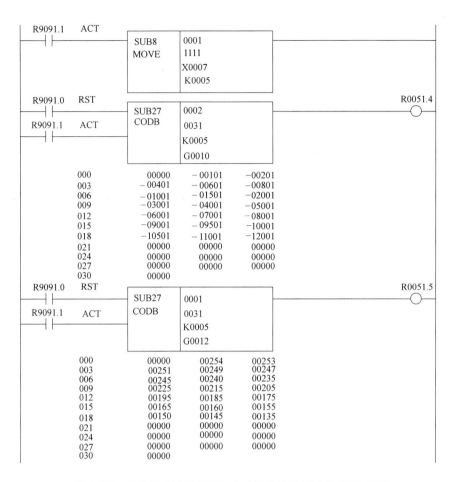

图 4-109　手动移动速度倍率和自动进给速度倍率的 PMC 程序

4.6.6　手轮的装调

进给手轮是为用户准确、方便、快捷地控制进给位置而设定的，数控机床操作人员在手动情况下，需要随机调整刀具与工件位置关系时，一般都会选择使用手轮方式。

在手轮工作方式下，由数控机床操作人员通过操作面板上的操作按钮将指令输入给 PLC，PLC 经过控制程序处理，把相应的手轮工作方式信号 G43.2，手轮进给轴选择信号 G18.0、G18.1 和手轮进给倍率信号 G19.4、G19.5 传送至 NC，NC 再根据手摇脉冲发生器旋转时，A 相和 B 相产生的电脉冲信号来控制数控机床实现进给轴的移动。

当 G43.2 为高电平时，手轮工作方式有效；当 G18.0 为高电平时，X 轴的手轮进给轴选中；当 G18.1 为高电平时，Y 轴的手轮进给轴选中；当 G18.0 和 G18.1 都为高电平时，Z 轴的手轮进给轴选中，关系见表 4-15。手摇脉冲发生器旋转一格，机床移动量为最小输入增量，可以是 1 倍、10 倍和 100 倍中的任意一种倍率，倍率的输入信号由 PLC 分配的地址，通过手轮倍率旋钮或者操作面板上的倍率按钮输入，这些信号经过控制程序处理后，发送给 NC 倍率选取信号 G19.4 和 G19.5。当 G19.4 和 G19.5 都是低电平时，为手轮倍率×1；当 G19.4 是高电平时，为手轮倍率×10；当 G19.5 是高电平时，为手轮倍率×m；当 G19.4 和

G19.5 都是高电平时，为手轮倍率×n，关系见表 4-16。

表 4-15 G18.0、G18.1、G18.2 与轴的关系

	G18.0	G18.1	G18.2
第 1 轴	1	0	0
第 2 轴	0	1	0
第 3 轴	1	1	0
第 4 轴	0	0	1

表 4-16 G19.4、G19.5 与倍率的关系

	G19.4	G19.5
×1	0	0
×10	1	0
×m	0	1
×n	1	1

连接手轮的 I/O 单元必须是 16 个字节的模块。

亚龙 569A 型教学维修实训台手轮方式选择按钮及状态指示灯地址分别为：

手轮 Z 轴选输入信号——X0.0，手轮 Z 轴选指示灯输出信号——Y7.0。

手轮 X 轴选输入信号——X0.5，手轮 X 轴选指示灯输出信号——Y0.2。

手轮倍率×1 输入信号——X0.6，手轮倍率×1 指示灯输出信号——Y0.0。

手轮倍率×10 输入信号——X1.3，手轮倍率×10 指示灯输出信号——Y0.1。

手轮倍率×100 输入信号——X1.7，手轮倍率×100 指示灯输出信号——Y1.7。

手轮倍率×1000 输入信号——X2.0，手轮倍率×1000 指示灯输出信号——Y0.7。

1. 手轮相关参数的调试

手轮有效参数 8131#0 置"1"，表 4-16 中倍率 m 值由 7113 号参数决定，表 4-16 中倍率 n 值由 7114 号参数决定，7113 号参数可以输入 100，7114 号参数可以输入 1000，此时，当 G19.5 是高电平时，为手轮倍率×100，当 G19.4 和 G19.5 都是高电平时，为手轮倍率×1000。

2. 手轮 PMC 程序的调试

手轮工作方式的 PMC 程序如图 4-110 所示，手轮倍率的 PMC 程序如图 4-111 所示。

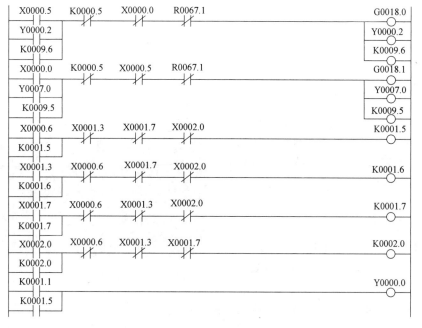

图 4-110 手轮工作方式的 PMC 程序

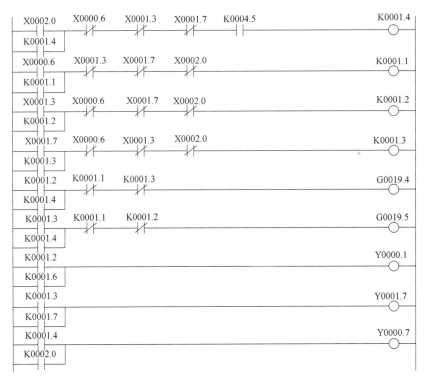

图 4-111　手轮倍率的 PMC 程序

4.7　数控机床与工业机器人的对接

随着智能制造技术的开发与利用，数控机床利用工业机器人进行自动上下料工作已成为发展趋势。

在无人化车间的计算机集成制造系统中，数控机床首要考虑的是与工业机器人的相互配合，数控机床与工业机器人的对接如图 4-112 所示。机器人在机床外部的工作基本上与数控机床没有逻辑关系，只有准备在机床中卸工件和装毛坯前，机器人不能进机床工作，得等待机床加工程序结束，防护门打开，机械臂才能进去，也就是机床对自己的 M02 译码信号需要给 MT 输出一个信号，用它来控制外部 PLC 继电器的线圈，从而控制机床门打开，机械臂进机床中进行装卸料工作。

图 4-112　数控机床与工业机器人的对接

机器人完成装卸任务后，数控机床就不需要操作人员再按下循环启动按钮运行程序了。此时，循环启动按钮可以并联一个外部 PLC 输出的继电器常开触点，该继电器线圈的输出信号由机床防护门关闭完成信号来控制。

这里的数控机床是 FANUC 0i Mate MD 系统的加工中心，与机器人相关的青岛海艺数控机床 PMC 程序如图 4-113 所示。

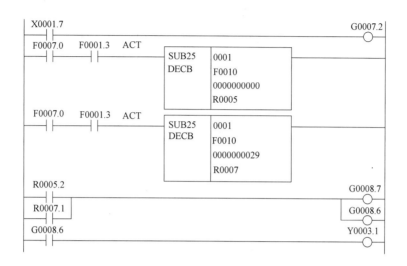

图 4-113 青岛海艺数控机床 PMC 程序

其中，X1.7 为循环启动按钮，Y3.1 为加工程序结束后的继电器输出信号。

4.8 思考题

1. FANUC 系统梯形图扫描周期是如何分配的？编辑梯形图程序应考虑哪些问题？
2. 急停回路与 MCC 回路之间的关系如何？
3. 当数控机床 I/O 点数不够时，在硬件、软件方面应怎么做？
4. 什么是 CNC 参数？它是如何控制机床的？
5. 数控机床工作方式如何使用格雷码开关编程实现？
6. 从产业结构上看，工业机器人在智能制造领域中的应用前景如何？

第5章

机电联调

【本章内容及学习目的】本章主要介绍机床参考点设定、限位等机电联调内容的调试方法和步骤；数控机床螺距、反向间隙补偿的基本原理以及激光干涉仪的使用方法与步骤。通过学习本章，学生应学会数控机床参考点、限位、螺补等机电联调的基本方法，掌握机电相关联内容的调试步骤和技巧。

5.1 机床参考点设定

数控机床参考点就是数控机床的坐标原点，又称为机床零点。数控机床加工运动依据的工件绝对坐标系是基于机床坐标系建立的，所以，机床坐标系原点设定得正确与否，直接关系到机床能否正常工作，以及加工出来的零件是否合格。

机床回参考点的方式有挡块式回参考点和非挡块式回参考点两种。

5.1.1 挡块式方式回参考点设定

挡块式回参考点的方式一般在进给轴采用增量式编码器的场合下使用，因为增量式编码器的机床断电后零点信号丢失，F120 为 0，机床没有零点，不能正常工作。为防止这种情况下机床出现意外，装调时，可以在进给轴零点附近设置一个开关，用固定地址 X009 作为参考点返回减速信号，由 NC 直接处理，当 NC 接到对应轴 X009 的信号后，通过 FSSB 控制伺服电动机减速，并在一转范围内找到编码器上的零点脉冲信号，最终使它停在零点位置。

因为机床回零不是采用插补算法，伺服电动机每转一转都有零点脉冲信号进系统，在回零方式下手动回零，或在自动方式下运行回零指令，系统只有在接到 X009 信号时，才会控制伺服电动机一边减速，一边找零点脉冲信号。

挡块式方式回参考点设定方法如下：

1）将参数 1005#1 置"0"，为挡块式回参考点的设定有效。

2）在相应进给轴的零点附近安装回零减速开关，如图 5-1 所示。它的位置必须在正限位开关位置的前面，且大于该轴丝杠螺母一个螺距的距离，以保证能在碰到限位开关前找到零点脉冲信号。第一轴至第八轴信号地址分别为 X9.0~X9.7。

3）通过 1006#5 设定手动参考点返回的方向，置"0"为正方向，置"1"为负方向。

5.1.2 非挡块式方式回参考点设定

非挡块式回参考点的方式一般适合在进给轴采用绝对式编码器的场合下使用。由于绝对式编码器可以在机床断电时，由电池保持零位置信号，零点不会丢失，开机后 F120 为 1，所以，采用非挡块式方式回参考点较为方便。

非挡块式方式回参考点设定方法如下：

1）将参数 1005#1 置 "1"，为无挡块回参考点的设定有效。

2）把 1815#5 置 "1"，为使用绝对式编码器。

3）移动各轴，使之停在要设参考点的位置。

4）将 1815#4 置 "1"，参考点即已建立，此参考点为机床的第一参考点。

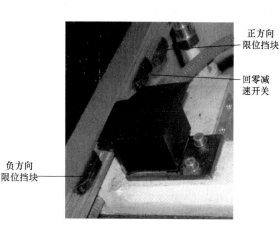

正方向限位挡块

回零减速开关

负方向限位挡块

图 5-1 回零减速开关

5.2 机床限位设定

机床设定限位是对其安全工作的有效保障措施，它可防止进给移动部件与机床固定部位发生干涉，以及滚珠丝杠螺母超出丝杠极限位置。机床限位一般有硬限位和软限位两种方法，伺服进给电动机为增量式编码器的机床，必须设置硬限位，因为每次开机时，机床没有零点，软限位设定的坐标点没有实际意义；而对于伺服进给电动机为绝对式编码器的机床，因为关机后机床零点不会丢失，所设定的软限位能及时起作用，所以这种情况下可以只设软限位。如果条件允许，应尽可能同时设置硬限位和软限位，对机床实行双重保护，需要根据机械位置和电气开关位置在系统中综合考虑进行装调，基本原则是，既要保证机床工作的安全性，又要尽可能地利用好机床的有效行程。

5.2.1 机床硬限位设定

先将 3004#5 置 "0"，使系统检查超行程限位信号。

亚龙 569A 型教学维修实训台硬限位的 PMC 程序如图 5-2 所示，各轴限位开关的地址分别为：

第一轴正向限位输入信号——X3.4。

第二轴正向限位输入信号——X3.6。

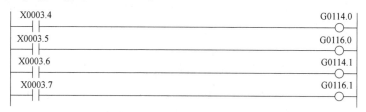

图 5-2 硬限位的 PMC 程序

第一轴负向限位输入信号——X3.5。

第二轴负向限位输入信号——X3.7。

5.2.2 机床软限位设定

数控车床的8134#1置"0"，不使用卡盘尾座限位时，才可使用存储行程限位。存储行程限位的调试方法如下：

1）合理设置机床的参考点后，使机床回到参考点，并检查是否正确。

2）手动 JOG 方式下，移动进给轴至相应硬限位开关位置前 3～5mm 处。

3）按"POS"键，记录下来显示的对应轴当前位置坐标值，并在1320和1321号参数中的对应位置输入记录下来的值。1320号参数为各轴正方向软限位的值，1321号参数为各轴负方向软限位的值。

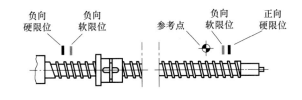

图 5-3　机床进给轴硬限位、软限位及参考点的位置关系

如果一台机床的硬限位和软限位都要设定，应先设硬限位，后设软限位，而且软限位一般要设在硬限位开关位置的前面，也就是说，先让软限位报警，以延长硬件开关的使用寿命。

机床进给轴硬限位、软限位及参考点的位置关系如图 5-3 所示。

5.3 柔性齿轮传动比的设定

数控机床控制的最小单位脉冲当量一般为 0.001mm，由于每台机床进给轴伺服电动机与滚珠丝杠连接方式的传动比，以及进给轴滚珠丝杠的螺距可能都不一样，而系统插补计算后发送出来的电脉冲信号是一样的，所以，要通过柔性齿轮传动比的设定来进行调整，以使每台机床的脉冲当量都一样。

$$柔性齿轮传动比 = \frac{2084}{2085} = \frac{伺服电动机每转所需的位置脉冲数}{1000000}（最简分数）$$

将计算所得最简分数的分子输入 2084 对应轴中，分母输入 2085 对应轴中。

例如，某进给轴伺服电动机与丝杠采用直接相连方式，丝杠螺距为 5mm，则

$$该轴的柔性齿轮传动比 = \frac{2084}{2085} = \frac{5000}{1000000} = \frac{1}{200}$$

将"1"输入 2084 对应轴位置中，将"200"输入 2085 对应轴位置中即可。该参数调整后，需要系统关电重启才能生效。

5.4 数控车床电动刀架反转锁紧的调试

数控车床电动刀架执行换刀动作后，需要把上刀架锁紧在固定座上，锁紧是靠 PMC 控制电动机反转一定时间实现的，控制程序如图 5-4 所示。当 PMC 满足反转输出条件时，

Y3.0 为高电平，刀架电动机开始反转，同时计时，1200ms 后，R135.2 得电，使得 R138.0
得电，从而打断 Y3.0，使得 Y3.0 成低电平，反转停止，结束换刀。这里的 1200ms 是根据
电动机的速度及机械锁紧结构来确定的，正好使得螺杆带着螺母下降到端面齿轮完全啮合的
位置，时间太长会损伤电动机和机械结构，时间太短则会锁不紧。

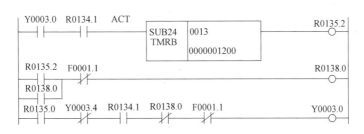

图 5-4　电动刀架反转锁紧的 PMC 程序

　　具体调试时，SUB24 的时间可以先设得短些，运行换刀功能程序后，观察刀架是否锁
紧，如果锁紧不够，再逐渐延长时间，直至刀架能完全锁紧，满足切削加工的需要为止。

5.5　螺距及反向间隙的补偿

　　为了提高数控机床的加工精度，可以预先测量出机床自身误差，然后让计算机运行相应
的误差补偿程序，使机床能按补偿后的位置数据实时控制进给。这是数控机床的进化过程，
其意义非凡。

　　直线进给轴的滚珠丝杠副本身的制造精
度及使用过程中的不均匀磨损，直接影响着
机床工作的定位精度，传动间隙使得反向进
给滞后于指令信号，这些都影响到了机床的
切削加工精度，可以利用数控机床的补偿功
能对滚珠丝杠螺距误差及反向间隙进行
补偿。

　　螺距及反向间隙补偿的基本原理是，把
数控机床的定位误差归结为滚珠丝杠制造时
的螺距误差，通过一些方法测量出这种定位
误差值，输入如图 5-5 所示的数控系统补偿
画面中，由系统中的补偿程序进行运算处
理，在机床再运行时，按补偿后的位置进给，从而提高数控机床的制造精度。

图 5-5　数控系统补偿画面

　　数控机床定位误差的测量装置一般有步距规和激光干涉仪两种。

5.5.1　使用步距规对螺距及反向间隙进行补偿的方法与步骤

　　步距规是早期使用的量规，它是由若干个经过精密加工的环形台阶组成的轴，其结构如
图 5-6 所示。上面的节距尺寸是精密测量得到的，为已知数据，一般都标记在对应的台阶面
上，每个节距尺寸可能不一样。

图 5-7 所示是使用步距规对数控车床的 X 轴进行补偿，具体方法如下：

1）在 Z 轴导轨上安放桥尺，调整好它与 X 轴方向在铅垂面内的平行度。

2）在调整好位置的桥尺上安放步距规，并调整步距规与 X 轴方向在水平面内的平行度。

3）待步距规的位置调整好以后，用磁力表座使步距规位置相对稳定。

4）在 X 轴拖板上安装磁力表座和千分表，并使千分表测头压在步距规的第一个测量台阶面上，表盘指针校零位。

5）编写步距规测量程序，并将其输入系统中。

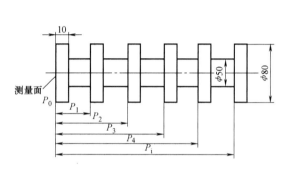

图 5-6　步距规的结构

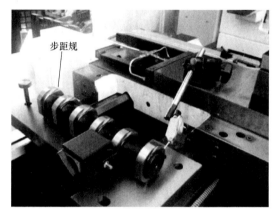

图 5-7　使用步距规进行补偿

O0001；

G98 G01 X0 Y0 F100；

G04 X5；（停留 5s 记录千分表读数）

G01 W35；（让千分表测头移出步距规）

G00 U-P1；（使测头快速移动至第二个测量面附近）

G01 W-35；（测头运动至第二个测量面上）

G04 X5；

G01 W35；

G00 U-P2；

G01 W-35；

G04 X5；

G01 W35；

G00 U-P3；

G01 W-35；

G04 X5；

G01 W35；

G00 U-P4；

G01 W-35；

G04 X5；

G01 W35；

G00 U-P5；

G01 W-35；

G04 X5；

M02；

6）在"OFFSET"对刀画面中的当前刀位置处，设定 X 轴和 Z 轴都为"0"。

7）在自动方式下运行步距规测量程序，并记录下每个测量面千分表的读数。

8）根据指令值、步距规实际值及千分表测量值，计算出机床在每个节距位置上的误差值。

9）调取图 5-5 所示螺距补偿画面，在对应测量点（号）中输入误差值，并在螺距补偿参数中设定好相应条件。

3605# 0 为是否使用双向螺距误差补偿，0 为不使用，1 为使用；3620 为每个轴的参考点的螺距误差补偿点号；3621 为每个轴的最靠近负侧的螺距误差补偿点号；3622 为每个轴的最靠近正侧的螺距误差补偿点号；3624 为每个轴的螺距误差补偿点间隔。

上面的补偿程序采用的是单向补偿，如果使用双向补偿，则程序结束前再按原路径返回，依次测量每个测量面的定位误差，这时，反向间隙也测量出来了。如果采用单向补偿，则反向间隙需要另行测量。

不管采用哪种方法，最好多测量几次，输入平均误差值效果会更好。

5.5.2　使用激光干涉仪对螺距及反向间隙进行补偿的方法与步骤

1. 激光干涉仪的工作原理

利用激光干涉技术进行测量是一种精度非常高的测量方法，其精度能达到 0.0001mm。激光干涉仪目前一般使用的是氦氖激光器，它的波长为 0.633μm。激光干涉仪的工作原理如图 5-8 所示，工作时，从镭射头激光发射点发出来的光束经过分光镜后，其中一束按参考光路回到镭射头的激光接收点。另外一束激光经过分光镜到达反光镜，按测量光路回到镭射头的激光接收点。这两束相干光波形在图示干涉发生点处产生相互干涉波形，干涉合成后的结果是两个波形的相位差，用该相位差来确定两个光波光路差值的变化情况，当两个相干光波处于相同相位，即两个相干光束波峰重叠时，其合成结果为相长干涉，其输出波的幅值等于两个输入波的幅值之和；当两个相干光波处于相反相位，即一个输入波的波峰与另一个输入波的波谷重叠时，其合成结果为相消干涉，其幅值为两个输入波幅值之差。这样，当两个相干波形的相位差因为其光路长度之差发生改变而出现变化时，其合成的干涉波形的强度就会出现周期性变化，即产生一系列明暗相间的条纹（光的干涉）。这个合成的干涉光波回到镭射头的检波器内，它会根据记录的条纹数来计算两个光路长度之差，其值为条纹数乘以半波长。

如图 5-9 所示，测量时，将反射镜置于机床不动的某个位置处，将分光镜置于机床移动部件某个位置上，且让分光镜处于镭射头与反射镜之间形成另一束反射光；或者将分光镜置于机床不动的某个位置，将反射镜置于机床的运动部件上，且让分光镜处于镭射头与反射镜之间，如图 5-8 所示，让激光束经过分光镜形成一束反射光，经过反射镜形成另一束反射光，两束光同时进入激光器的回光孔产生干涉；然后根据定义的目标位置编制循环移动程

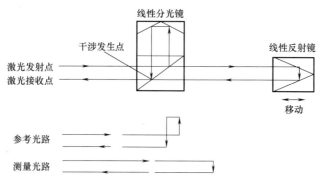

图 5-8　激光干涉仪的工作原理

序,通过机器自动记录各个位置的测量值;最后由计算机软件进行数据处理与分析,计算出机床的位置精度。

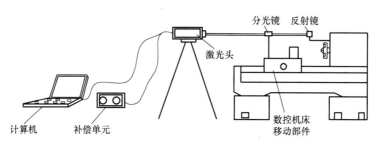

图 5-9　测量方法

2. 雷尼绍激光干涉仪

雷尼绍(RENISHAW)XL80 镭射激光干涉仪是对机床、三坐标测量机及其他定位装置进行精度校准时使用的高性能仪器,它由发射并接收激光的镭射头、环境补偿系统、测量镜组、夹持器组、三脚架及镭射头微调平台等构成,其测量项目有定位精度、距离、重复性定位精度,动态的速度、加速度,垂直方向和水平方向的角度,垂直方向和水平方向的直线度误差,平面度误差,平行度误差,旋转角度误差。

数控机床螺距补偿一般使用雷尼绍激光干涉仪的较多,下面以雷尼绍激光干涉仪对 FANUC 加工中心 X 轴进行螺距补偿为例来说明其操作方法和流程。

(1)架设激光干涉仪　依图 5-10所示架设三脚架、激光头、环境补偿系统、计算机及电源,并将其连接好。

在三脚架上架设激光头前,要先通过图 5-11 所示微调平台结构调整激光头安放位置的水平。

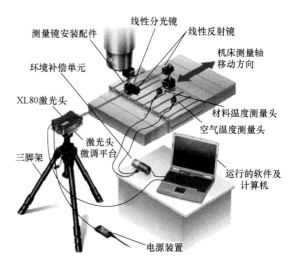

图 5-10　雷尼绍激光干涉仪的连接

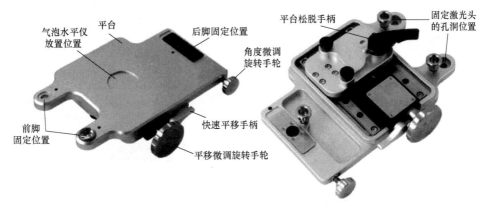

图 5-11 微调平台

（2）架设镜组 先观察机床测量的起点和终点间有无其他相干扰因素，再架设镜组，在使用手动慢速移动进给轴确定移动空间内无其他干涉物后，方可让机床按自动方式移动。

架设线性分光镜和反光镜时，选取位置要稳固合理，分光镜处于镭射头和反光镜之间，与分光镜连接在一起使用的就有反射镜，如图 5-12 所示，安装时，必须根据测量需要确定其相互关系。

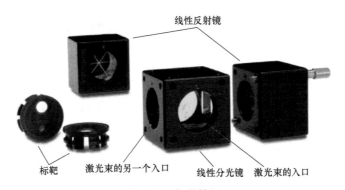

图 5-12 架设镜组

（3）调整镜组 开机预热，激光预热时可将激光闸暂时关闭，镜组对焦时再打开，预热 6min 左右后就可以调整镜组，具体步骤如下：

1）将激光射出口转至调焦用的小孔射出口位置，如图 5-13 所示。

2）当分光镜和反射镜都准备好以后，令需要测量补偿的轴回到原点（起点）或移动到与原点相反的极限位置（终点）处。

3）通过移动 X 轴，带着反射镜组移动，使其与分光镜组靠近，让光点重叠，再利用脚架的上升和平移机构将重叠光点移到接收孔，此时检查计算机里接收光线的强度。

4）将反射镜移动至测量距离的极限，将偏离标靶白点的激光束，通过上下左右角度调整调到白点上，如图 5-14 所示。

5）将反射镜标靶取下，检视反射回来的光点的重叠度。若光点在近端不重叠，则说明两镜组的上下或左右位置不等高，必须调整分光镜或反射镜使之重叠；若光点在远程不重叠，则说明存在角度偏差，必须调整激光头的偏摆及倾斜角度使光点重叠，如图 5-15 所示。

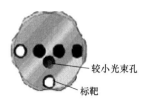

图 5-13　调整激光射出口

图 5-14　调整激光束

图 5-15　光点不重叠的调整

6）利用脚架平移或上下调整重叠的光点，使光点落在激光头对焦孔上，如图 5-16 所示。

图 5-16　使光点落在激光头对焦孔上

7）将激光头对焦孔转至接收孔位置，检视光线强度，如图 5-17 所示。

8）将反射镜移到近端的位置，检视光线强度和远程的光线强度一样即可。

9）光线强度超过 50% 即可测量，但近距离与远距离时光线强度需相同才可测量。

图 5-17　检视光线强度

（4）编写程序　假设 X 轴行程共 500mm，每 20mm 取一点，共取 25 次，编写测量程序并将其输入数控机床。

主程序

O0001；

G91 G28 X0.；

M98 P0250002；

G01 X-3. F500.；

X3.；

M98 P0250003；

M30；

激光束远去行程的子程序

O0002；

G91 G01 X-20. F5000.；

G04 X3.；

M99；

激光束回来行程的子程序

O0003；

G91 G01 X20. F5000. ；

G04 X3. ；

M99；

（5）软件操作

1）选择并打开 Renishaw LaserXL 应用程序，如图 5-18 所示。

图 5-18 打开应用程序

2）单击选取"线性测长"项目，进入定位测量窗口，如图 5-19 所示。

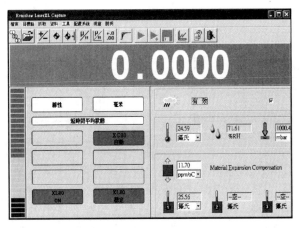

图 5-19 定位测量窗口

定位测量窗口中快速工具按钮的含义如图 5-20 所示。

3）通过"档案"下拉菜单中的"新档"，选择"自动设定模式"，如图 5-21 所示。

4）选择确定后，自动进入目标设定，输入目标设定，如图 5-22 所示。

图 5-20 快速工具按钮的含义

图 5-21 选择"自动设定模式"

其中,第一定位点为测量的起点,最终定位点为测量的终点,间距值为相邻两个定位点间的距离,目标值为总行程的目标值。

5）单击"》"按钮,进入下一步"抓取数据启动",如图 5-23 所示。其中,定位方式选取直进式;量测次数为所要测量的次数;选择方向,双向时为抓取去程和回程的数据,单向时只抓取去程的数据;误差带是设定误差的公差带（单位为 μm）。

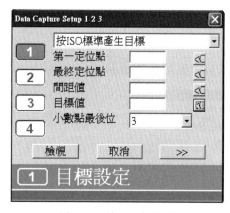

图 5-22 输入目标设定

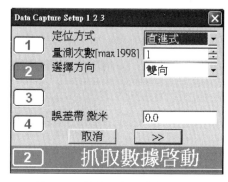

图 5-23 设定"抓取数据启动"

6）设定完成后,单击"》"按钮进入下一步,填写数据标题。

7）单击"》"按钮,进入下一步"自动资料抓取设定",如图 5-24 所示。其中,自动抓取选取有效,抓取方式选取位置;最小停止周期为控制器停止后,激光于所设定的时间到后即进行取点的时间;读数稳定性为激光设定抓取该读值时所允许的稳定误差;公差窗口为激光到达抓取的位置值,其数值为所设定的公差区间内即可抓取此点的误差值;越程量大小为设定需小于控制器的程式;越程行动选取移动。

8）设定完成后,单击"》"按钮进入数据自动抓取,如图 5-25 所示,然后让机床在自动方式下运行测量程序。

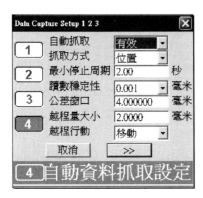

图 5-24　自动资料抓取设定

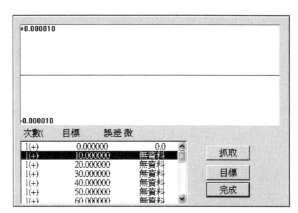

图 5-25　数据自动抓取

9）抓取完成后，按"完成"按钮确认，然后单击"档案"下拉菜单中的"另存新档"，选择存储地址保存 RENISHAW 格式文件。

（6）数据分析　打开保存的测量数据文件，单击"资料"键后选取"分析"，如图 5-26 所示。

图 5-26　选取"分析"

选取"资料"→"分析"后，进入分析系统画面，如图 5-27 所示。

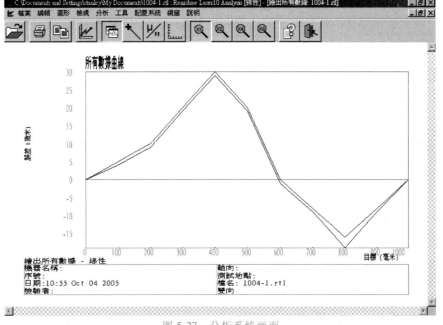

图 5-27　分析系统画面

其中，分析系统窗口中快速工具按钮的含义如图 5-28 所示。

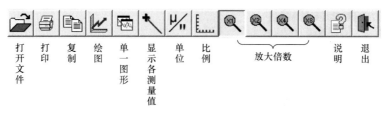

图 5-28　分析系统窗口中快速工具按钮的含义

（7）螺距补偿　把激光干涉仪抓取保存下来的数据传入数控机床内，并在数控机床螺距补偿参数中设定好与激光干涉仪采集数据时相对应的条件，生效后即可启动螺距补偿程序对机床丝杠螺距误差自动进行补偿。

5.6　思考题

1. 机床参考点的设定方式有哪两种？两者的根本区别是什么？

2. 应根据什么条件选择限位开关？

3. 使用步距规和激光干涉仪对螺距进行补偿有何区别？在什么情况下需要重新对螺距进行补偿？

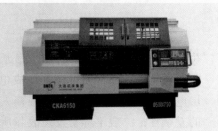

第6章

故障维修

【本章内容及学习目的】 本章是在前面系统地介绍了数控机床工作原理和系统、电气、机械安装调试知识的基础上，进一步介绍数控机床的各种基本功能，以实例分析数控机床在使用中出现的常见故障，并对其做出准确的诊断。通过学习本章，学生应能够掌握数控机床常见故障的维修思路和方法，为以后独立从事数控机床维修工作奠定基础。

6.1 数控机床维修的基本方法和步骤

数控机床维修的难点往往在于故障诊断分析，一旦故障点被准确定位，故障复位方法基本上是通用的。

6.1.1 数控机床故障诊断的基本方法

1. 根据报警信息进行故障诊断

CNC 中有对 CNC 内部、伺服系统的一些错误状态进行诊断的程序，PMC 梯形图编有一些报警显示程序，充分利用机床的报警信息提示，能够帮助维修人员快速地分析出故障原因，准确定位故障点。

FANUC 数控系统非常完善，它针对系统中使用的硬件和软件所检测出来的有关内部报警的故障较多，为了便于区分和学习，这里大致对内部报警进行分类，见表 6-1。

表 6-1 内部报警分类.

报警号	分类
000~	编程设定、操作引起的报警
300~	脉冲编码器故障引起的报警
400~	伺服故障引起的报警
500~	超程引起的报警
700~	过热（温度异常）引起的报警
749~	主轴通信故障引起的报警
900~	CNC 系统故障引起的报警
5000~	编程设定、操作引起的报警
9000~	主轴故障引起的报警

CNC 系统内部相对较为复杂，系统软件内容丰富，包括插补计算、译码、速度处理、

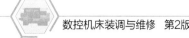

位置控制、刀具补偿、诊断、显示等，且各部分相互关联性强。由于产品对硬件集成电路控制要求越来越高，而且随着集成电路板的加工手段和精度的提高，现在还出现了双（多）层电路板，这就给数控机床维修人员提出了许多挑战。当系统出现问题时，由于软件和硬件的复杂性，一般不容易发现故障所在，而且解决起来也较为棘手，为了使维修人员能快速准确地定位故障，这里列出了部分常见 CNC 报警号的含义、原因及解决办法，见表 6-2。

表 6-2 常见 CNC 报警号的含义、原因及解决办法

类别	报警号	含义	原因及解决办法
与超程相关的 OT 报警	OT0500	正向超程（软限位 1）	超出了正端的存储行程检测 1
	OT0501	负向超程（软限位 1）	超出了负端的存储行程检测 1
	OT0506	正向超程（硬限位）	启用了正端的行程极限开关后，机床到达行程终点时发出报警，并停止进给
	OT0507	负向超程（硬限位）	启用了负端的行程极限开关后，机床到达行程终点时发出报警，并停止进给
与主轴相关的 SP 报警	SP0754	异常负载检出	主轴电动机检测出异常负载，报警可以通过 RESET 来解除
	SP1220	无主轴放大器	连接于串行主轴放大器的电缆断线，或者尚未连接好串行主轴放大器
	SP1224	主轴-位置编码器间齿轮传动比错误	主轴与位置编码器之间齿轮传动比的设定不正确
	SP1240	位置编码器断线	模拟主轴的位置编码器断线
	SP1241	D-A 变换器异常	模拟主轴控制用的 D-A 变换器异常
与伺服相关的 SV 报警	SV0301	APC 报警：通信错误	由于绝对位置检测器的通信错误，机械位置未能正确求得（数据传输异常）绝对位置检测器、电缆或伺服接口模块可能存在缺陷
	SV0302	APC 报警：超时错误	由于绝对位置检测器的超时错误，机械位置未能正确求得（数据传输异常）绝对位置检测器、电缆或伺服接口模块可能存在缺陷
	SV0305	APC 报警：脉冲错误	由于绝对位置检测器的脉冲错误，机械位置未能正确求得绝对位置检测器、电缆可能存在缺陷
	SV0306	APC 报警：溢出报警	位置偏差量上溢，机械位置未能正确求得，请确认参数（No. 2084、No. 2085）
	SV0366	脉冲丢失（内装）	在内装脉冲编码器中产生脉冲丢失
	SV0367	计数值丢失（内装）	在内装脉冲编码器中产生计数值丢失
	SV0368	串行数据错误（内装）	不能接收内装脉冲编码器的通信数据
	SV0369	数据传送错误（内装）	在接收内装脉冲编码器的通信数据时产生 CRC 错误或停位错误
	SV0380	LED 异常（外置）	外置检测器的错误
	SV0381	编码器相位异常（外置）	在外置直线尺上位置发生位置数据的异常报警
	SV0382	计数值丢失（外置）	在外置检测器中发生计数值丢失
	SV0383	脉冲丢失（外置）	在外置检测器中发生脉冲丢失
	SV0384	软相位报警（外置）	数字伺服软件检测出外置检测器的数据异常

（续）

类别	报警号	含义	原因及解决办法
与伺服相关的 SV 报警	SV0385	串行数据错误（外置）	不能接收来自外置检测器的通信数据
	SV0386	数据传送错误（外置）	在接收外置检测器的通信数据时，发生 CRC 错误或停位错误
	SV0387	编码器异常（外置）	外置检测器发生某种异常，详情请与光栅尺的制造商联系
	SV0401	伺服 V-就绪信号关闭	位置控制的就绪信号（PRDY）处在接通状态，而速度控制的就绪信号（VRDY）被断开
	SV0403	硬件/软件不匹配	轴控制卡和伺服软件的组合不正确，可能是由于如下原因所致 1）没有提供正确的轴控制卡 2）闪存中没有安装正确的伺服软件
	SV0404	伺服 VRDY 就绪信号通	位置控制的就绪信号（PRDY）处在断开状态，而速度控制的就绪信号（VRDY）被接通
	SV0407	误差过大	同步轴的位置偏差量超出了设定值（仅限同步控制中）
	SV0409	检测转矩异常	在伺服电动机或者 Cs 轴、主轴定位（T 系列）轴中检测出异常负载 不能通过 RESET 来解除报警
	SV0410	停止时误差太大	停止时的位置偏差量超过了参数（No. 1829）中设定的值
	SV0411	运动时误差太大	移动中的位置偏差量比参数（No. 1828）设定值大得多
	SV0413	轴 LSI 溢出	位置偏差量的计数器溢出
	SV0415	移动量过大	指定了超过移动速度限制的速度
	SV0417	伺服非法 DGTL	数字伺服参数的设定值不正确 （1）诊断信息 No. 203#4 = 1 的情形 通过伺服软件检测出参数非法，利用诊断信息 No. 352 来确定原因 （2）诊断信息 No. 203#4 = 0 的情形 通过 CNC 软件检测出了参数非法，可能是因为下列原因所致（见诊断信息 No. 280） 1）参数 No. 2020 的电动机型号中设定了指定范围外的数值 2）参数 No. 2022 的电动机旋转方向中尚未设定正确的数值（111 或 -111） 3）参数 No. 2023 的电动机每转的速度反馈脉冲数设定了 0 以下的错误数值 4）参数（No. 2024）的电动机每转的位置反馈脉冲数设定了 0 以下的错误数值
	SV0430	伺服电动机过热	伺服电动机过热
	SV0431	变频器回路过载	共同电源:过热 伺服放大器:过热
	SV0432	变频器控制电压低	共同电源:控制电源的电压下降 伺服放大器:控制电源的电压下降
	SV0433	变频器 DC LINK 电压低	共同电源:DC LINK 电压下降 伺服放大器:DC LINK 电压下降
	SV0434	逆变器控制电压低	伺服放大器:控制电源的电压下降

（续）

类别	报警号	含义	原因及解决办法
与伺服相关的SV报警	SV0435	逆变器 DC LINK 电压低	伺服放大器:DC LINK 电压下降
	SV0436	软过热继电器(OVC)	数字伺服软件检测到软发热保护(OVC)
	SV0437	变频器输入回路过电流	共同电源:过电流流入输入电路
	SV0438	逆变器电流异常	伺服放大器:电动机电流过大
	SV0445	软断线报警	数字伺服软件检测到脉冲编码器断线
	SV0446	硬断线报警	通过硬件检测到内装脉冲编码器断线
	SV0447	硬断线（外置）	通过硬件检测到外置检测器断线
	SV0456	非法的电流回路	所设定的电流控制周期不可设定 所使用的放大器脉冲模块不适合于高速 HRV,或者系统没有满足进行高速 HRV 控制的制约条件
	SV0460	FSSB 断线	FSSB 通信突然脱开,可能原因如下 1）FSSB 通信电缆脱开或断线 2）放大器电源突然切断 3）放大器发出低压报警
	SV0465	读 ID 数据失败	接通电源时,未能读出放大器的初始 ID 信息
	SV0466	电动机/放大器组合不对	放大器的最大电流值和电动机的最大电流值不同,可能原因如下 1）轴和放大器连接不正确 2）参数 No. 2165 的设定值不正确
	SV0468	高速 HRV 设定错误	AMP 针对不能使用高速 HRV 的放大器控制轴,进行了高速 HRV 的设定
	SV1025	V-READY 接通异常(初始化)	接通伺服控制时,速度控制的就绪信号（VRDY)应该处在断开状态却已被接通
	SV1026	轴的分配非法	伺服的轴配列的参数没有正确设定 参数 No. 1023 "每个轴的伺服轴号" 中设定了负值、重复值,或者比控制轴数更大的值
	SV1055	双电动机驱动轴不正确	串联控制中,参数 No. 1023 的设定不正确
	SV1056	双电动机驱动轴对设定不正确	串联控制中,参数 TDM No. 1817#6 的设定不正确
	SV1067	FSSB：配置错误（软件）	发生了 FSSB 配置错误(软件检测) 所连接的放大器类型与 FSSB 设定值存在差异
	SV5134	FSSB：开机超时	初始化时并没有使 FSSB 处于开的待用状态,可能是轴卡不良
	SV5136	FSSB：放大器数不足	与控制轴的数目比较时,FSSB 识别的放大器数目不足;轴数的设定或者放大器的连接有误
	SV5137	FSSB：配置错误	发生了 FSSB 配置错误 所连接的放大器类型与 FSSB 设定值存在差异
	SV5139	FSSB：错误	伺服的初始化没有正常结束,可能是因为光缆不良、放大器和其他模块之间连接错误
	SV5197	FSSB：开机超时	虽然 CNC 允许 FSSB 打开,但是 FSSB 并未打开 确认 CNC 和放大器间的连接情况

（续）

类别	报警号	含义	原因及解决办法
其他 DS报警	DS0004	超过最高速度	误动作防止功能检测出超出最大速度的指令
	DS0015	刀具更换检查出镜像	对于刀具更换中的Z轴,镜像接通
	DS0020	未完成回参考点	如果是倾斜轴控制时,在通电后没有手动执行一次返回参考点操作的情况下,就进行自动返回参考点,执行正交轴的返回参考点操作而出现的报警。请在倾斜轴完成返回参考点后,再执行正交轴的返回参考点操作
	DS0300	APC报警:须回参考点	需要进行绝对位置检测器的原点设定(参考点与绝对位置检测器的计数值之间的对应关系),执行返回参考点操作 本报警在某些情况下会与其他报警同时发生,此时可通过其他报警采取对策
	DS0306	APC报警:电池电压0	绝对位置检测器的电池电压已经降到不能保持数据的低位;或者脉冲编码器第一次通电,若再次通电仍然发生报警,则可能是由于电池或电缆的故障所致。此时,应在接通机床电源的状态下更换电池
	DS0307	APC报警:电池电压低1	绝对位置检测器的电池电压下降到更换水准。此时,应在接通机床电源的状态下更换电池
	DS0308	APC报警:电池电压低2	绝对位置检测器的电池电压以前也曾经(包括电源断开中)下降到更换水准。此时,应在接通机床电源的状态下更换电池
	DS0309	APC报警:不能返回参考点	试图在不能建立原点的状态下执行基于MDI操作的绝对位置检测器的原点设定。通过手动运行使电动机旋转一周以上,暂时断开CNC和伺服放大器的电源,而后进行绝对位置检测器的原点设定

机床厂家根据机床外部辅助设备的相关动作要求,一般都编辑了PMC梯形图程序输出的外部报警信息,以此提示机床的工作状态和操作信息。

外部报警信息的分类见表6-3。

表6-3 外部报警信息分类

信息号	CNC显示屏	显示内容
1000~1999	报警信息屏	报警信息(CNC自动转到报警状态)
2000~2099	操作信息屏	操作信息
2100~2999		只显示信息数据,不显示信息号

2000~2999外部操作信息不会中断机床的正常操作与加工。

2. 根据功能模块的状态指示灯判断故障

数控系统的各功能模块一般都有LED工作状态指示灯,这样有利于设备维修人员随时了解这些功能模块的实时工作状态。FANUC 0i D数控系统的背面主板上有两排LED指示灯,它们分别表示系统的报警和系统的工作状态,如图6-1所示。

上排四个红色的LED报警灯亮起时,对应的故障原因见表6-4。

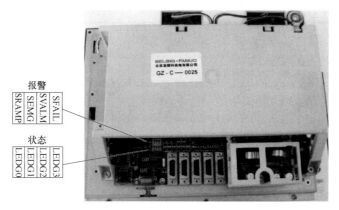

报警
SFAIL
SVALM
SEMG
SRAMP

状态
LEDG3
LEDG2
LEDG1
LEDG0

图 6-1 数控系统背面主板上的 LED 指示灯

表 6-4 上排 LED 报警灯对应的故障原因

报警 LED	故 障 原 因
SFAIL	发生系统报警时点亮;软件故障使系统停止时点亮;执行 BOOT 过程中点亮
SVALM	伺服报警时点亮
SEMG	发生系统报警时点亮;检测出系统内部硬件故障时点亮
SRAMP	RAM 奇偶校验或 ECC 报警时点亮

下排四个绿色 LED 状态灯亮起时，对应的系统工作状态见表 6-5。

表 6-5 下排 LED 状态灯对应的系统工作状态

序号	状态 LED	系统工作状态
1	□ □ □ □	没有接通电源的状态
2	■ ■ ■ ■	接通电源初始状态,执行 BOOT 加载系统软件
3	□ ■ ■ ■	系统开始启动
4	■ □ ■ ■	等待系统内各处理器的 ID 设定
5	□ □ ■ ■	完成系统内各处理器的 ID 设定
6	■ ■ □ ■	完成 FANUC BUS 的初始化
7	□ ■ □ ■	完成 PMC 的初始化
8	■ □ □ ■	完成系统内各印制电路板硬件结构信息设定
9	□ □ □ ■	完成 PMC 程序的初始执行
10	□ ■ ■ □	等待数字伺服初始化
11	■ ■ ■ □	完成数字伺服的初始化
12	■ □ □ □	初始准备结束,进行通常运转

3. 根据诊断号的显示数据判断故障

数控机床的 CNC 内部安装有诊断程序，它可以对 CNC 的相关硬件和软件进行自诊断，并把内部的故障状态以数据形式显示在相关诊断号中，维修人员可以通过查看对应诊断号中的状态数据，来判断故障原因。

诊断号分类范围如下：

诊断 0~16：发出移动命令后，机床没有运动的原因（结合 PMC 信号进行排查）；

诊断 20~25：循环中出现暂停的原因；

诊断 200~204：串行编码器产生的报警；

诊断 205~206：分离检出器产生的报警；

诊断 300~400：伺服报警的诊断；

诊断 400~457：串行主轴的报警诊断。

4. 根据故障现象及功能实现的关联性判断故障

数控机床相当多的故障是由没有报警信息提示的各种原因造成的，这时需要维修人员根据该功能实现时，各种相关联的模块部件之间的相互关系进行逐一分析判断，这在一定程度上依赖于维修人员对数控机床结构原理的理解和经验的积累，也是最不好把握的。

6.1.2 数控机床故障维修的方法

一旦找到故障原因，故障点已经定位，软件故障一般是整体数据恢复和单个数据调整，硬件故障则不外乎是采用受损件修复或更换的方法。

更换受损件时，应注意以下问题：

1）当需要更换 CNC 部件时，要先确认故障原因，切忌盲目拆卸，因为这些部件的拆卸存在一定风险，各板卡之间的接口强度差，可操作空间小。图 6-2 所示为 FANUC 0i D 系统 CNC 的硬件结构图（其中轴卡、显卡、CPU 已经取下来），拆卸这些 CNC 内部板卡时，一定要注意拆卸的方法和力度，稍有不慎，很容易造成大的伤害。当更换 CNC 母板时，要提前对系统内部数据进行备份，待更换完成后再进行数据恢复。

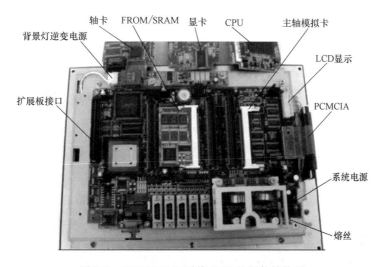

图 6-2 FANUC 0i D 系统 CNC 的硬件结构图

2）在出现过电流、过电压等报警，而需要更换伺服单元时，要先确认外部的短路和强电回路的连接及电压，更换 αi 系列伺服单元时，要保证其单元硬件接线与原来一致。如果连接的是绝对位置编码器，为防止原点丢失，更换伺服单元动作要快，一般要在 5min 内完成，αi 系列编码器内部带有电容器，在断开电池的情况下可以短时间内保持零点位置信息不丢失。

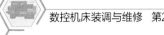

3）拆除电缆线时，尽量做好标记，因为线缆多了容易混乱，这样可以防止连接错误，从而避免机床出现不可预测的严重后果。

4）拆装伺服电动机过程中，不要用铁器对伺服电动机尾部的编码器进行敲击，也不要沿伺服电动机轴的轴向用力，以防止编码器中的光栅损毁。对于重力轴伺服电动机结构，可以在失电情况下实现抱闸，以防止机床重力轴机械部分在机床断电时因自身重力而下降。当对重力轴进行拆卸时，抱闸装置也一起被拆除，这样就会造成机械部分跌落，所以，要提前用结实的木板支承起重力轴移动的机械部分。另外，在伺服故障判断中，对伺服进行屏蔽、封锁时，也要考虑重力轴的跌落和绝对原点是否会丢失的问题，以防止故障范围扩大。

5）当熔丝烧坏后需要更换时，必须先分析外部电压是否不正常和外部电路是否短路等情况，确认造成熔丝烧毁的原因并排除后再进行更换，防止新换熔丝又被烧坏，或导致系统损毁的严重后果。

检测分析电路时，最好拆卸外部除电源线之外的所有连线，再测量输入电压。

更换熔丝时要严格按照原熔丝的容量进行，因为数控系统是数控机床的核心部件，其价值昂贵，且内部电路设计严谨，不得出现任何差错。

6）当系统存储器电池电压降低至 2.6V 以下时，系统显示 "BAT" 报警。此时，需要在两周内更换新的电池，否则内部数据，如系统参数、加工程序、工件坐标、补偿参数、用户变量、螺距补偿、PMC 参数就会丢失，为了防止发生这种情况，应及时备份数据。

更换电池前，系统应通电至少 30s 后，再断电拆下电池，并快速装上新的电池，30min 内完成电池的更换。一般情况下数据不会出现问题，一旦发现数据丢失，进行数据恢复即可。

6.2 数控机床常见故障诊断维修实例

下面针对一些日常在 FANUC 系统数控机床操作中经常遇到的故障，提供一些参考分析思路和故障处理方法。由于故障现场情况一般比较复杂，而且处理手段和方法可能每个人都不尽相同，因此实际处理中要依具体情况而定。

例 1（1）机床类型　数控车床。

（2）控制系统　FANUC 0i Mate TD 系统。

（3）故障现象　产生刀架奇偶报警，奇数位刀能定位，偶数位刀不定位。

（4）故障诊断　从机床侧输入 PLC 信号中，刀架位置编码器的 5 根信号线，它们对应 PLC 的输入信号为 X06.0、X06.1、X06.2、X06.3 和 X06.4。在刀架转换过程中，这 5 个信号根据刀架的变化进行不同的组合，从而输出刀架的奇偶位置信号。

根据故障现象分析，若刀架位置编码器最低位 X06.4 线信号恒为 "1"，即在二进制中第 0 位恒为 "1"，则刀架信号将恒为奇数，而无偶数信号，从而产生奇报警。

根据上述分析，从 CRT 上调出 PLC 输入参数进行观察，当刀架回转时，X06.0 恒为 "1"，而其余 4 根线的信号则根据刀架的变化情况或 "0" 或 "1"，从而证实了刀架位置编码器发生故障。

例 2（1）机床类型　数控车床。

（2）控制系统　FANUC 0i Mate TD 系统。

（3）故障现象 机床起动后虽无报警信号，但运行不了。

（4）故障诊断 这种情况大多是由于机床侧的准备工作没有完成，如润滑准备、切削液准备等未完成。查阅 PLC 有关的输入/输出接口，发现 X3.1 为"1"，其余均正常，从接口表看，正常状态是 X3.1 为"0"。检查压力开关 SP92 信号发现异常，而梯形图中该压力开关信号为机床运行的先决条件，最后找到故障原因是滤油阀脏而造成油压增高。

例3（1）机床类型 数控车床。

（2）控制系统 FANUC 0i Mate TD 系统。

（3）故障现象 分度台旋转不停，但无报警号。

（4）故障诊断 查阅输出接口，发现输出 Y0.4 为"1"，Y0.7 为"1"，从接口表看，Y0.4 为"1"表明分度台无法制动，Y0.7 为"1"表明分度台处于旋转状态。再检查输入接口，发现 X5.7 为"0"，其余正常，其原因是限位开关 SQ12 损坏。更换 SQ12 后，PLC 输入/输出均恢复正常，故障排除。

例4（1）机床类型 数控车床。

（2）控制系统 FANUC 0i Mate TD 系统。

（3）故障现象 机床在回参考点过程中，数控系统突然变为"NOT READY"状态，但画面却无任何报警显示。

（4）故障诊断 出现这种故障，多数情况为返回参考点使用的减速开关失灵，或回参考点方式不对，经检查回参考点方式 1005#1 为挡块式方式，设定正确，进一步检查发现回零减速开关已经损坏。

例5（1）机床类型 数控车床。

（2）控制系统 FANUC 0i Mate TD 系统。

（3）故障现象 机床在返回参考点过程中，发出"限位"报警，而且回不到参考点。

（4）故障诊断 其原因可能是改变了设定的参数，经检查是软限位设定不正确，从而导致机床回不到零点。

例6（1）机床类型 数控车床。

（2）控制系统 FANUC 0i Mate TD 系统。

（3）故障现象 正常返回参考点时，刀架却向相反方向运动。

（4）故障诊断 有时维修人员会认为是回零的参数有问题（回零方向可以通过参数来改变），或者电动机的方向不对，或者正负按钮方向不对，但该机床已经出厂，在没有更改参数的情况下，不可能出现这种情况。分析一下回零的过程，就不难判断出产生这种现象的原因：如果是正方向回零，而此时正好压上回零开关，则 NC 的功能使开关朝负向移动一段距离后，再朝正向移动，碰上回零开关减速，再寻找单脉冲后停下来。知道以上现象，就可以联想到可能是回零开关故障，如回零开关接闭点时开关断线、接开点时开关触点不脱开等，此时 NC 认为应反向移动后再向另一方向回零。经检查确实是回零开关故障，故障排除后机床正常。

例7（1）机床类型 数控车床。

（2）控制系统 FANUC 0i Mate TD 系统。

（3）故障现象 在调试中发现变频器控制主轴转速不稳。

（4）故障诊断 出现主轴转速不稳的问题时，首先要看一下 NC 的模拟电压是否正常，然后检查主轴的倍率开关以及变频器的参数等，以上若均正常，则进行下一步操作。将变频器的模拟电压电缆从走线槽中拉出后，转速平稳正常；将该线放回槽内，转速又不平稳。这说明变频器的模拟电压电缆的屏蔽线没有接好。模拟电压是 0~10V 的低电压，易受干扰，此现象就是干扰造成的。同时，应注意该电缆不可与交流电源线走同一线槽。

例 8 （1）机床类型　CK3850 数控车床。

（2）控制系统　FANUC 0i Mate TD 系统。

（3）故障现象　用户反映机床 Z 轴尺寸不对。

（4）故障诊断　据用户反映，Z 轴尺寸出厂时正常，机床各部参数及元件都没变动，按照零件工艺编完程序后可以正常工作，但断电再开机后 Z 轴尺寸又发生变化。经检查是编码器或与之相连的环节出了问题，检查机床的顶部 Z 轴编码器，发现编码器脉冲数不正确。再经询问用户方知，编码器被调换过。因为当时用户认为 X 轴、Z 轴的编码器一样，调换一下没有关系，但实际上此机床 X 轴、Z 轴的编码器一个为 2000 脉冲/r，一个为 2500 脉冲/r。

由上述可见，维修人员不能完全依据用户所述进行分析，由于多方面的原因，用户有时不能说清楚具体问题，而导致维修人员诊断困难，所以遇到故障时要分析多方面的原因。

例 9 （1）机床类型　数控车床。

（2）控制系统　FANUC 0-TD 系统。

（3）故障现象　不执行车螺纹程序。

（4）故障诊断　首先要了解系统车螺纹的原理，车螺纹是依据主轴的转速和伺服进给轴形成的插补关系进行的。主轴的旋转反馈是依据主轴编码器的脉冲送给 NC 的，而主轴编码器可输出 6 组脉冲（A、$\overline{A}$、B、$\overline{B}$、Z、$\overline{Z}$），它的供电电压是由 NC 内部提供的 DC 5V 电压，其中 A 与 $\overline{A}$ 相位差为 180°，A 与 B 相位差为 90°。

Z 相是单脉冲信号，A、B 和 $\overline{A}$、$\overline{B}$ 信号经四倍频处理后作为反馈信号送给 NC，应于车螺纹时在 CRT 上显示。而在此之前，单独进行伺服进给或主轴旋转都正常，由此可以分析出以下几种故障原因：

1）主轴编码器与主轴的连接不好，经查连接正常，可以排除这一项。

2）主轴编码器有故障，但通过 CRT 的显示，监测到显示的主轴转速正常。这时，要提出另外一个问题，即转速显示正常，仅仅说明 A、$\overline{A}$、B、$\overline{B}$ 信号正常，而 Z、$\overline{Z}$ 信号正常与否不得而知。因为车螺纹开始时，首先要找单脉冲作为车螺纹的起始端，经过替代及用万用表进行简单的对比测量，判断编码器无问题。那么，问题出在什么地方呢？由此想到下面一条。

3）速度到达信号的问题。在 FANUC 0i Mate TD 系统中，参数 3708#0 为 0 时不检测主轴速度到达信号，为 1 时检测主轴速度到达信号，所以如果该信号设为 1，则只有速度到达信号来时，方能开始进给，而该信号是主轴速度到达所要求的转速。经查果然是该信号断线，排除故障后，车螺纹正常。

例 10 （1）机床类型　PW1200 数控车床。

（2）控制系统　FANUC 0i Mate TD 系统。

（3）故障现象　机床没有 X、Z 向的进给。

（4）故障诊断　排除许多常规原因后，也未发现没有进给的原因。无意中发现在控制面板上有一个按钮比其他按钮矮一点，校对程序按下该按钮，CNC 系统将指令中的编码忽略，按一个给定的快移速度运行。注意：这个按钮只能在校对程序时使用，实际加工中禁止使用。它有一个明显的指示灯，用以提醒操作者注意，问题就出在这里，指示灯坏了，但操作者没有及时将这一情况告诉维修人员，造成了很长时间的停机。可见，对待数控机床一定要谨慎，特别是相关的指示灯一定要保持良好状态，否则将造成不必要的损失。

例11 （1）机床类型 CK20 数控车床。

（2）控制系统 FANUC 0i Mate TD。

（3）故障现象 返回参考点尺寸不准。

（4）故障诊断 首先检查编码器及其与丝杠间的连接都正常。经分析为伺服参数页面的参考计数器容量设置不对，其正确设置如下：

INITIAL　SET　BITS　　　　00000010　　　　00000010

Ref counter　　　　　　　　4000　　　　　　6000

如果参考计数器容量设置错误，则伺服轴移动距离正确，但每次通电后回零都不准。将参数设置正常后，机床回零正常。

例12 （1）机床类型 CK6163C 数控车床。

（2）控制系统 FANUC 0i Mate TC 系统。

（3）故障现象 X 轴移动时，电动机不转并出现 414 过电流报警。

（4）故障诊断 这类故障经常出现，造成故障的原因也很多，但出现最多的也是最容易被忽略的原因就是 X 轴的制动器没打开。因为如果机床为倾斜床身，则 X 轴须带制动器，以防止停电时由于本身重力而下滑。造成制动器未打开的原因很多，可根据原理图和 PLC 梯形图来分析判断。制动器未打开而移动 X 轴，使电流增大产生报警。该机床故障是由于继电器的触点不良而造成的，更换继电器后正常。

例13 （1）机床类型 S1-296 数控机床。

（2）控制系统 FANUC 0i Mate TC。

（3）故障现象 刀补值输不进去。

（4）故障诊断 此项故障与参数 729 有关，该参数为刀具补偿值的给定范围，应设为最大值。如果将其设为零或设得很小，则刀补值将输不进去。在机床正常使用时，由于干扰等原因，使该参数发生变化，其设定范围之内并不显现出异常。只有刀补值设置量超过参数范围时才表现出来。

例14 （1）机床类型 CK6150BS 数控车床。

（2）控制系统 FANUC 0i Mate TC 系统。

（3）故障现象 加工小锥度时，表面有波纹，加工大锥度时，没有此现象。

（4）故障诊断 该机床出现此故障是主轴的轴承尺寸不对造成的，更换轴承后正常。

例15 （1）机床类型 CK6150 数控车床。

（2）控制系统 FANUC 0i Mate TC 系统。

（3）故障现象 圆弧插补走的轮廓不对，超过 90°。

（4）故障诊断 此故障是由参数错误引起的，经查为 19.2 项参数设定错误，该项参数为确定圆弧插补时是采用半径编程还是采用直径编程。一般在车床上都设置为直径编程，而该机床设为半径编程，所以走出的轮廓不正确，重新设置后正常。

例16 （1）机床类型 CK3210 数控车床。

（2）控制系统　FANUC 0i Mate TD 系统。

（3）故障现象　主电动机的驱动系统变频器出现反馈过电压报警。

（4）故障诊断　该变频器为三菱变频器，如果主电动机起动频繁，系统放电过程未结束便进行下次起动，则易产生过电压报警。所以将升降速时间参数适当增大，即可消除此故障。在编程时应尽量避免主电动机的频繁起动，否则，对机械结构和驱动装置都有损坏的可能。

例17　（1）机床类型　S1—363 数控机床。

（2）控制系统　FANUC 0i Mate TC 系统。

（3）故障现象　X 轴端面加工出现周期性波纹。

（4）故障诊断　机械加工出现不正常现象的原因很多，如刀具、丝杠、主轴问题等。该现象为周期性出现且有一定规律，从电气方面来看，不可能有这种情况，只能为机械问题。因上述故障为周期性出现，所以就从圆周运动上来查找，因为只有圆周运动是周期性的。该机床伺服电动机与滚珠丝杠是通过同步带连接的，其位置反馈是在丝杠上另外再装一个编码器，原因可能就在于此。经查为 X 轴的分离式编码器装得不正，与丝杠不在同一直线上造成的周期性变化，将其调整后恢复正常。

例18　（1）机床类型　S1—296 数控机床。

（2）控制系统　FANUC 0i Mate TD 系统。

（3）故障现象　X 轴电动机过热报警。

（4）故障诊断　电动机产生过热报警有若干原因，可能是切削参数不合理，也可能是传动链存在问题。而该机床的故障原因是电动机的防护不严，切削液进入电动机而使电动机绕组匝间短路。更换新电动机后恢复正常。

例19　（1）机床类型　数控车床。

（2）控制系统　FANUC 0i Mate TD 系统

（3）故障现象　机床急停报警，不能正常起动。

（4）故障诊断　对于国外进口设备的维修是比较困难的，首先应阅读有关资料，包括维修手册、操作手册、电气原理图以及 PLC 程序等，所有故障都应从理论上先解释清楚，并应用所掌握的知识进行判断，不能随意更换备板，否则容易引起更换板的损坏，而且容易将故障扩大，所以更换时一定要谨慎。该机床的故障为硬件故障，是测速机反馈线破损造成伺服不正常，将破损处拆开重新焊接后恢复正常。

例20　（1）机床类型　CK6140D 数控车床。

（2）控制系统　FANUC 0i Mate TD 系统。

（3）故障现象　主轴以 3000r/min 转速转动时，机床振动。

（4）故障诊断　此故障一般与机床及主轴电动机的驱动系统有关，而与 CNC 无太大关系。在机械方面，如果设计不好，可能在某一转速时产生共振，在产生共振的转速成倍数增加时，共振现象也会发生。这说明是机械共振，要在主机结构方面找原因。

例21　（1）机床类型　S1—363D 数控机床。

（2）控制系统　FANUC 0i Mate TD 系统。

（3）故障现象　个别刀具号选不上。

（4）故障诊断　因为出厂前机床都已调试好，所以 PLC 程序本身无问题，与 NC 及相应参数无关，通常是刀盘的检测信号不对。经检查刀盘的编码器并无故障，只是位置有些松动，重新调整紧固后恢复正常。

这里需要提出的是刀盘的编码器为8421码组成，所以调整时，应在该刀具号附近做少量调整，待正确后固定即可。如果编码器转速过高，则须在每个刀位处均对照一遍，具体方法是依据原理图及PLC程序一一对应，待刀具号全部正确后才能固定。

例22　（1）机床类型　CK3210D数控车床。

（2）控制系统　FANUC 0i Mate TD系统。

（3）故障现象　出现时有时无的401报警。

（4）故障诊断　出现401报警的原因很多，可以在FANUC维修手册中一一对应排除，但这里产生的报警是时有时无的，在诊断过程中很难重复出现。该类故障属于随机故障，一般不应该在原理上或设计上找原因，而应该首先从电缆及各种连线的连接不良上查起，经查是NC至伺服的电缆压接不良，重新压接后故障即排除。

例23　（1）机床类型　数控车床。

（2）控制系统　FANUC 0i Mate TD系统。

（3）故障现象　机床在工作过程中，主轴箱内机械变档滑移齿轮自动脱离啮合，造成主轴停转，刀具损坏，工件报废。

（4）故障诊断　数控车床的主轴箱往往有2~3级机械变档，以满足各种切削条件的需求。很多机械变档由液压缸推动滑移齿轮进行变速，液压缸同时也锁住滑移齿轮。但如果在液压缸前腔进油，滑移齿轮向左滑动到变档的档位上面，控制液压缸的电磁阀内液压减小，滑阀在中间位置时不能闭死，液压缸前后两腔油路使液压油与两腔油路相渗漏，这样势必造成油腔后推力大于前腔，使活塞杆渐渐向右移动，逐渐使滑移齿轮脱离啮合造成主轴停转。解决方法如下：

1）更换新的三位四通换向阀。

2）将原设计中间机能为O形的三位四通阀改为Y形的，使液压缸在变档到位后左右两腔都与回路腔相通，不会造成液压缸漂移的动作。

例24　（1）机床类型　数控车床。

（2）控制系统　FANUC 0i Mate TD系统。

（3）故障现象　发出主轴箱变档指令后，主轴处于缓速来回摇摆状态，一直挂不上档。

（4）故障诊断　为了保证滑移齿轮移动啮合于正确档位，机床接到变档指令后，在电气设计上指令主电动机带动主轴做慢速来回摇摆运动。此时，如果电磁阀发生故障（阀芯卡住或电磁铁失效），则油路不能切换，液压缸不能动作，滑移齿轮到位后不能发出反馈信号，或者发送反馈信号的是无触点行程开关。

例25　（1）机床类型　数控车床。

（2）控制系统　FANUC 0i Mate TD系统。

（3）故障现象　高速车削螺纹时，工件第0.5~1圈的螺纹不合格，以后的各圈螺纹全部正常。

（4）故障诊断　由于伺服电动机特性不良（偏软），造成电动机输出转矩跟不上负载的突变要求。解决方法是将FANUC β电动机换成α电动机。

例26　（1）机床类型　数控车床。

（2）控制系统　FANUC 0i Mate TD 系统。

（3）故障现象　某厂用数控机床加工一种铝合金工件，其表面粗糙度（主要指无波纹）要求很严，工件加工一直不合格。

（4）故障诊断　在排除机械上的各种原因后，认为是伺服驱动系统的问题。原机床配置为 FANUC β6 电动机，伺服传动过程中均匀性差，不能满足表面粗糙度的要求。解决方法是更换成 α 型伺服电动机，同时对 UPR 前馈参数进行反向跟踪修正，最后达到了工件加工质量要求。

例 27（1）机床类型　SSY—220 数控机床。

（2）控制系统　FANUC 0i Mate TD 系统。

（3）故障现象　翻转卡盘不动作。

（4）故障诊断　该机床用于加工两端管箍，所以需要使用翻转卡盘。其翻转条件：检测开关的位置必须正确，在翻转时卡盘右侧有一沟槽宽 6mm，在翻转到另一面时沟槽处于中心线的左侧，而其在左、右侧均有一接近开关。在翻转卡盘处于不同位置时，仅有一个接近开关处于导通状态，其状态为 1，而另一开关对应于沟槽状态为 0，依此来判断翻转卡盘的位置，从而由 PLC 控制其正、反向的翻转。可见，其中一只接近开关状态为 1 时，另一只必须为 0，如果都为 0 或 1，或其位置与开关不相符，则都不能使卡盘翻转。因为接近开关的位置与翻转卡盘的三位四通阀是一一对应的，所以接近开关的质量差以及调整的距离不当都可能造成翻转卡盘的不正常。本机床的故障是接近开关距卡盘接触面太远，使其信号不可靠，调整后恢复正常。

例 28（1）机床类型　数控转塔车床。

（2）控制系统　FANUC 0i Mate TD。

（3）故障现象　机床准备不足。

（4）故障诊断　机床不准备的原因很多，应首先分析是机床侧还是 NC 侧的故障。如果有报警号，则可以依据报警号逐步分析；如无报警号，则应按下面的步骤来判断。

1）电源不正确。数控机床的电源种类很多，主要包括以下几种：

① 动力电源。动力电源的缺相以及电源电压过高或过低均能造成机床动作不正确。

② AC 200V 电源。该电源为供给 NC 的电源。

③ AC 110V 电源。此电源为交流接触器的控制电源，如果它不正确将造成接触器不动作。

④ DC 24V 电源。此电源为控制电磁阀的电源，如果它不正确，则所有电磁阀均不动作，卡盘、转塔等将不能正常工作。

⑤ NC 输出 24V 电源。如果没有该电源，首先 CRT 不亮，任何显示都没有。如果供给 CRT 的电源（24V）有，而电气箱内的 NC 电源（24V）无，则输入、输出都没有。

2）急停引起的不准备。引起 NC 急停的原因很多，常见的如下：

① 超程。同时按住超程释放按钮（有的机床为"准备"按钮）和机床点动按钮，向反向点动，待脱开超程开关即可。另外，有时急停开关损坏或断线以及个别机床因防护不好，使切屑等堆积在开关处，也会引起急停。

② 液压系统中电动机的压力继电器故障。对于一般的数控机床，机床准备的 PLC 程序中都含有液压完全正常后才能准备的控制部分，由梯形图（以 CD3263 机床为例）可以看

出，当按下机床准备按钮后，起动液压电动机，使 NC 准备，经 4s 后，如果压力继电器仍未吸合，则机床准备不上。所以当出现该情况时，检查压力继电器即可。

③ 伺服急停线没接上。如果数控机床为两轴以上的伺服系统，每个伺服单元均有急停插座，则正常情况下该插头的插脚为短接状态。如果因为某些原因造成该插脚断开，则伺服准备不上，整个机床将处于不准备状态。这里需要提出的是，该插头不能两个系统串接或并接，如果这样处理，因为伺服插头有一定的阻值，则会引起单元的不准备，所以两套伺服单元的急停插头应分别处理。

3）其他原因。如变档、转塔等故障。根据机床的不同要求，有的 PLC 程序设计为当出现以上故障时，机床不准备，待全部修好后，机床方能准备好。

例 29 （1）机床类型　数控车床。

（2）控制系统　FANUC 0i Mate TD 系统。

（3）故障现象　转换到 JOG 状态后，按点动按钮不动，松开即走。

（4）故障诊断　因为无报警，所以 NC 及伺服应都没有故障，故障原因可能是按钮开闭点接反了。因为该系统在 JOG 状态前输入了伺服点动信号，此信号为高电平，则坐标不移动，而当转换到 JOG 状态后，按点动按钮使其为断开点，松手后恢复到闭合点，所以伺服轴按点动时不动，松开即移动。了解该原因后，将按钮正常接线后故障排除。

例 30 （1）机床类型　数控机床。

（2）控制系统　FANUC 0i Mate TD 系统。

（3）故障现象　按循环起动按钮执行程序，M、S、T 指令正常执行，当执行到进给时轴不移动，程序不向下执行。

（4）故障诊断　首先应看循环起动信号是否执行，即 STL 信号的指示灯亮不亮，M、S、T 指令均正确执行，证明循环起动信号无问题，那么原因一般有以下几种：

1）进给保持信号接通。

2）轴的进给倍率为零。

3）轴的中断信号起作用。

经查的两项均无问题，最后从 PLC 中检测得知是轴的中断信号接通。由于设计者在 PLC 程序中将转塔信号不到位或没完成转位等信号控制中断信号设为 "ON"，故中断信号接通时，仅执行 M、S、T 指令。

例 31 （1）机床类型　CK6140 数控车床。

（2）控制系统　FANUC 0i Mate TD 系统。

（3）故障现象　主轴不转。

（4）故障诊断　首先发现 V79 报警灯亮，V79 报警为电源故障报警，所以主轴不转。测量外围各电压均正常，但主驱动仍有报警，故怀疑其电源板有故障。经测量发现同步电源的输出有一相低于正常电压。检查后确认为功率管松动，致使其与印制电路板接触不良，导致电压降低，而电压的报警也是从这里检测的，所以产生 V79 报警。最后将功率管重新调整紧固后，电压正常，报警消失，主轴转动恢复正常。

例 32 （1）机床类型　CK20 型数控车床。

（2）控制系统　FANUC 0i Mate TD 系统，主驱动装置为安川变频器。

（3）故障现象　当输入指令 "M03　S100" 时，主轴转，但转速不对；当输入 "M03

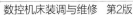

S200"时，转速不变。

（4）故障诊断 在自动方式下运行时，主轴转速是由模拟电压控制的。此时先查看变频器的参数，是否设定为外部端子控制转速，即外部模拟电压控制，经查设定正确。再用万用表测量模拟电压端口，发现输入不同转速时模拟电压有变化，说明 NC 没有故障。那么，一定是变频器本身输出了一个固定频率，经查变频器的多级速度指令1、多级速度指令端口错误地接通，有电压输入。断开此信号后，运转正常。

例33 （1）机床类型 CK20 型数控车床。

（2）控制系统 FANUC 0i Mate TD 系统，主驱动装置为安川变频器。

（3）故障现象 机床转塔刀架转位时，主轴也跟着转动。

（4）故障诊断 转塔刀架转动与主轴的转动在控制上没有关系，则此问题一定是干扰信号造成的。先检查输入模拟电压的屏蔽电缆，观察接或不接屏蔽线有无差别，如有差别，则说明屏蔽线没有接好。将电缆屏蔽线两端都很好地接地，故障即消失。

例34 （1）机床类型 数控车床。

（2）控制系统 FANUC 0i Mate TD 系统。

（3）故障现象 一台数控车床在起动上电、系统自检后，出现 400#、414#和 424#报警，主印制电路板上的 L4 LED 红灯亮。其中，400#报警为伺服放大器或伺服电动机过热（发生30H 报警），4n4#报警为 n 轴的数字伺服系统出现异常。

（4）故障诊断 ①按维修手册处理 400#及 4n4#报警，未发现异常；②依照厂家提供的参数表，检查机床参数，未发现异常参数；③关掉总电源，取下伺服模块，静态检查大功率管，将伺服模块装在其他工作正常的机床进行测试，伺服工作正常，因此排除了伺服模块发生故障的可能；④将该伺服模块重新装上，起动机床，重新检查时发现梯形图中的 X20.5没上电，该点为 X 轴正向硬限位，检查后发现该触点失灵，导致在系统自检完以后，伺服模块加不上电，从而造成系统发出伺服报警。更换该触点后报警消除。

例35 （1）机床类型 数控车床。

（2）控制系统 FANUC 0i Mate TD 系统。

（3）故障现象 一台卧式数控车床在加工过程中不定期地出现 426#报警。426#报警为Z 轴脉冲编码器的位置检测系统不正常（断线报警）。

（4）故障诊断 由于该报警不定期出现，无法按常规办法处理，只能采用排除法：①更换 Z 轴编码器电缆，报警依旧不定期出现；②将 Z 轴伺服电动机（β6-200）拆下装到其他同型号的机床上观察，故障也同样发生在其他机床上。因此，断定编码器有问题。查阅相关资料，得知该编码器为不可分离型编码器，编码器与电动机共用一轴。打开后发现编码器码盘变形，码盘在旋转过程中，其边沿偶尔会接触到编码器的感光元件。该机床在使用过程中，可能出现过 Z 轴撞车的情况。由于 Z 轴丝杠和电动机连接较硬，因此在撞车的过程中造成编码器码盘变形，并接触到感光元件，才会不定期出现 426#报警。轻轻用手校正编码器码盘，然后重新装好，再运行观察，报警不再出现，运行一直正常。

例36 （1）机床类型 数控车床。

（2）控制系统 FANUC 0i Mate TD 系统。

（3）故障现象 数控车床开车前，机床的 X 轴、Z 轴回零方向不准。

（4）故障诊断 数控机床在回零时，机床的 X 轴或 Z 轴先压下减速行程开关，然后系统自动寻找机床零点，因此在开车前，应先检查 X 轴、Z 轴行程开关处是否有多余物品，如工具、切屑等，然后 X 轴、Z 轴分别回零。如果仍不能回零或回零不准，则应在 CNC 控制面板中找到"DGNOSPAPAM"（诊断参数），并用翻页键找到"SERVO SETTING"（伺服设定）界面，将其中 REF COVNTER 给定的 X、Z 的数值分别修改为 5000。注意：修改此参数时，方式开关应放置在 MDI（手动方式）上，输入完成后关断 CNC 电源，1min 后重新启动 CNC 系统电源即可。

例 37 （1）机床类型　数控车床。

（2）控制系统　FANUC 0i Mate TD 系统。

（3）故障现象　机床 X 轴、Z 轴方向超行程，无法退出。

（4）故障诊断

1）在机床 Z 轴超行程后，可以将刀架扳手放在机床滚珠丝杠一端的四方头处，扳动丝杠使其转动并退出行程极限。此时应格外注意在转动丝杠时，不能转错方向，否则可能造成故障。

2）对于 X、Z 超行程无法退出的情况，可以先将方式开关置于 JOG（手动进给）方式，关断 CNC 电源开关，1min 后重新启动 CNC 电源开关，用手按下 CNC 控制面板右侧的超行程释放键，同时用手摇轮向 X 轴或 Z 轴反向退出，再按复位键解除超行程警报。

例 38 （1）机床类型　数控车床。

（2）控制系统　FANUC 0i Mate TD 系统。

（3）故障现象　机床开机后出现 510#报警。

（4）故障诊断　机床 CRT 出现 510#报警，按照例 37 中所述方法无法解除时，按下述方法处理。510#报警内容是机床位置超过了行程限位或超程信号接通，出现此报警时，先切断 CNC 系统电源开关，1min 后同时按住 CNC 软键［CANCEL］和［P］接通电源。注意：千万不能按［RESET］和［DELETE］键，否则会导致机床内存的全部参数被清除。此时可在 JOG（手动进给）方式下将机床从报警区域退出，退出时注意不要移错方向，否则会损坏机床。

例 39 （1）机床类型　数控车床。

（2）控制系统　FANUC 0i Mate TD 系统。

（3）故障现象　电动刀架起动后刀架不能停止。

（4）故障诊断　此故障主要是由刀架内电路板上的霍尔元件引起的。首先检查霍尔元件的三个管脚是否脱焊，如果没有，则说明其被击穿。解决方法：如果是脱焊，则用电烙铁将管脚与电路板焊接好，或直接将元件的管脚与螺钉压平。如果是击穿，则需更换霍尔元件。

例 40 （1）机床类型　数控车床。

（2）控制系统　FANUC 0i Mate TD 系统。

（3）故障现象　数控机床主轴工作中突然停止。

（4）故障诊断　首先检查机床主轴电动机是否完好，如果电动机无故障，则故障可能出在电磁离合器上。经查离合器上的电刷与离合器接触不好，解决方法是打开主轴箱，用六方扳手将离合器上的内六角圆柱头螺钉松开，用手将电刷压紧，然后将螺钉紧固或更换电刷。

例41 （1）机床类型 数控车床。

（2）控制系统 FANUC 0i Mate TD 系统。

（3）故障现象 刀架不能起动。

（4）故障诊断 如果电源和电动机均无故障，则主要原因是刀架内的销钉断裂。解决方法：如果是销钉的故障，则更换损坏的销钉；如果是电源或电动机故障，则对电源进行维修或更换刀架电动机。

例42 （1）机床类型 数控车床。

（2）控制系统 FANUC 0i Mate TD 系统。

（3）故障现象 CNC 系统屏幕无显示。

（4）故障诊断 造成屏幕无显示的原因主要有电源断路，操作面板内电路板上的熔丝烧毁，电路板上的晶体管被击穿。解决方法：接好断路电源，更换熔丝或晶体管。

例43 （1）机床类型 数控车床。

（2）控制系统 FANUC 0i Mate TD 系统。

（3）故障现象 接通电源后油泵不能起动。

（4）故障诊断 主要原因是油泵电源熔丝烧坏，此时更换熔丝即可。或由于油泵过载保护器跳开，此时将保护器复位即可。

例44 （1）机床类型 数控车床。

（2）控制系统 FANUC 0i Mate TD 系统。

（3）故障现象 加工时出现进刀位置错误，偶尔正常，X 轴、Z 轴都有这种现象，同时无故障报警。

（4）故障诊断 X 轴、Z 轴都有进刀位置错误故障，说明不会是编码器和机械方面的原因，很可能是数控系统的问题，因为数控系统的硬件比较可靠，所以很可能是参数方面的问题。首先检查参数是否有变化，结果未发现问题，但按下 "RESET" 键后相对坐标被清零，说明还是参数有问题。将参数全部清零，重新输入参数后，发现故障不再出现，说明是由于干扰引起参数改变，而改变的参数不在厂家提供的参数表之内，导致没有查出。

例45 （1）机床类型 数控车床。

（2）控制系统 FANUC 0i Mate TD 系统。

（3）故障现象 刀架转位故障。

（4）故障诊断 本机床刀架的夹紧和转位都是由液压系统来实现的。当接到转位信号后，液压缸后腔进油，将中心轴和刀架抬起，使端齿盘分离，随后液压马达驱动凸轮旋转，凸轮驱动回转盘上的 12 个柱销，使回转盘带动中心轴和刀架旋转。经过长时间使用，可能会发生转塔不转动或不正位的故障。刀架的夹紧力和回转速度在出厂前都已调好，一般条件下不需要调整。一旦发生不转位故障，首先应检查油路是否正常，如油路正常，则检查液压马达是否有故障，以及输入电压是否正确，如电压不正确，则改正后即会运转正常。当发生转塔不正位时，首先应检查接近开关的位置是否正确，还有凸轮两侧的螺母是否松动，如松动可重新调整凸轮的位置和紧固螺母。当刀盘顺时针方向转位不到位置时，可将凸轮向下微量调整一段距离，如刀盘转过位时则向上调整，直至转盘正位为止。

例46 （1）机床类型 数控车床。

（2）控制系统 FANUC 0i Mate TD 系统。

（3）故障现象 主轴不能正常起动，只能单向缓转，且不能指令速度值。

（4）故障诊断 数控车床为了满足车削转矩的需要，主轴一般有机械变档结构。为保证齿轮啮合率，在变档时，或单方向缓转，或两方向低速摆动，以方便变档齿轮顺利啮合。变档完成，即变档齿轮完全啮合后，机床发出完成信号，执行下一个程序。该机床在变档时只做单向缓转，说明变档并未完成，即使齿轮完全啮合，但未发出完成信号。可能原因：电磁阀未推到位、液压未推到位、变档复合开关失灵。观察压力表发现液压正常，按液压线路图找到变档对应的液压阀，用工具推动检测确实吸合到位。在电气箱接线端子板上找到变档复合开关的接线，用电压表进行测量，有电压指示。这是不正常的，因为触点闭合后应没有电压显示，说明变档复合开关有问题，应打开主轴箱进行相应处理。

例47 （1）机床类型 数控车床。

（2）控制系统 FANUC 0i Mate TD 系统。

（3）故障现象 数控系统出现 700# 报警。

（4）故障诊断 首先检查电气柜内部 NC 装置周围的温度是否超过 70℃，如果超过70℃，则表明空气过滤器堵塞或风扇电动机不转，否则就是主印制电路板故障。

例48 （1）机床类型 数控车床。

（2）控制系统 FANUC 0i Mate TD 系统。

（3）故障现象 数控系统出现 510#~581# 之间的报警（机床位置超过某一软限位点或软限位超程信号接通）。

（4）故障诊断 首先检查系统参数中的软限位参数 700#~707#（第一软限位设置）、743#~752#（第二软限位设置）、008#6（软限位是否有效）、015#4（软限位开关信号），如果机床正处于报警区边界，则不能继续向前运动，可用手动反向退出，再按系统操作面板上的"RESET"键将报警复位。若已退出报警区，则应重新回参考点，否则按照例38介绍的方法进行处理。

例49 （1）机床类型 数控车床。

（2）控制系统 FANUC 0i Mate TD 系统。

（3）故障现象 开机后出现没有零点报警，但坐标位置显示当前就是零点。

（4）故障诊断 查看 F120.0 和 F120.1 的信号状态为"0"，说明 X 轴和 Z 轴的零点没有建立；查看参数 1815#4 为"0"，进一步确定 X 轴和 Z 轴零点没有建立；坐标位置显示当前就是零，是因为该位置是原来坐标系的零位。解决方法：手动方式移动机床至需要设零点的位置，使 1815#4 置"1"，关机重启即可。

例50 （1）机床类型 加工中心。

（2）控制系统 FANUC 0i Mate MD 系统。

（3）故障现象 使用 RS232 通信时，数据传输总是出现失败现象。

（4）故障诊断 一种可能是 I/O 通道的 20 号参数设定有误或相应波特率参数设定有误；另一种可能是 RS232 的接口不是按照 FANUC 的协议进行连接的，传输数据位不对。经查看，各参数设定均没有问题，使用万用表检查 RS232 的连接接口，发现连接不对，按照FANUC 的通信协议重新进行焊接，问题解决。

例51 （1）机床类型 数控车床。

（2）控制系统 FANUC 0i Mate TD 系统。

（3）故障现象　刚投入使用的数控车床，在系统断电重新起动时，必须进行返回参考点操作，即用手动方式将各轴移到非干涉区外后，再使各轴返回参考点，否则就有可能发生撞车事故。

（4）故障诊断　机床起动起没回零点，就经常发生撞车事故，而在系统起动后，进行返回参考点操作，使机床建立参考点又没有问题，说明机床坐标零点在机床断电后出现丢失情况。使用万用表检查发现，绝对式编码器保留零点信息的电池没电了，更换该 DC6V 电池后问题得到解决。

例 52　（1）机床类型　数控车床。

（2）控制系统　FANUC 0i Mate TD 系统。

（3）故障现象　加工中心换刀时，出现掉刀情况。

（4）故障诊断　一种情况是加工中心换刀时，需要主轴准停，以实现主轴下端面 180° 分布的两个键与刀库中取过来的刀具刀柄键槽相配合，如果位置没有对准，则刀柄上端的拉钉不能到达夹紧位置，换刀时将出现掉刀情况；另一种情况是主轴孔中刀具夹紧动作没到位，或者没有夹紧输出信号，从而出现掉刀情况。

经查，该掉刀情况是由于主轴准停位置不对，重新调整主轴准停位置后，故障消失。

例 53　（1）机床类型　数控车床。

（2）控制系统　FANUC 0i MD 系统。

（3）故障现象　开机后出现 SV0417 报警（数字伺服系统异常）

（4）故障诊断　出现该报警的一种原因是数字伺服参数设定值异常；另一种原因是数字伺服相关参数的设定值有误。检查参数 2020（电动机型号）、2022（电动机旋转方向）、2023（速度反馈脉冲数）、2024（位置反馈脉冲数）、1023（伺服轴号）、2084（柔性进给齿轮传动比分子）、2085（柔性进给齿轮传动比分母），发现参数 1023 的 X、Y、Z 都为 "0"，按 FSSB 连接顺序重新设定该参数并进行确认，关机重启后故障消失。

例 54　（1）机床类型　数控车床。

（2）控制系统　FANUC 0i Mate MD 系统。

（3）故障现象　开机后出现 0411 报警（X 轴变频器低电压）。

（4）故障诊断　通过观察，发现 X 轴伺服驱动器 LED 电源指示灯不亮，使用万用表测量检查发现，进 X 轴驱动器的 220V 电源电压为 "0"。电气原理图显示，该电源进口的前端串联了驱动器的 MCC 内部触点，故障状态下测量得知 MCC 内部触点处于断开状态。究其原因，是因为急停继电器中的一对触点接到了驱动器的 ESP 接口上，需要将正常接通后，MCC 内部触点才会闭合。

进一步检查发现，急停继电器中接到驱动器 ESP 接口的触点回路出现断路情况，重新接好后，再开机时故障消失。

例 55　（1）机床类型　数控车床。

（2）控制系统　FANUC 0i Mate TD 系统。

（3）故障现象　开机后出现 SV5136 报警（FSSB 放大器数量不足）。

（4）故障诊断　报警中的放大器数量对应的是控制轴的数量，系统通过 FSSB 的信号情况识别出了伺服放大器数量不够。在报警状态下，调出 FSSB 的放大器设定画面，查看显示 FSSB 上没有被识别到的伺服放大器是哪一个，检查该轴光缆或伺服放大器，有可能是由于

数控机床装调与维修实训报告

姓名＿＿＿＿＿＿＿＿＿

学号＿＿＿＿＿＿＿＿＿

班级＿＿＿＿＿＿＿＿＿

目　　录

实训课题一　数控机床结构现场认识

1. 实训目的

通过现场实物，学生应感性认识数控机床结构、工作原理及各部件的功能作用，学会基本功能的使用方法，为后面学习数控机床的安装调试与维修打下基础。

2. 实训要求

1）认真听教师现场讲解数控机床的工作原理，零件加工的形状及位置精度与机床各零部件安装精度之间的关系，独立思考，勤学好问。

2）拆装电动机、丝杠保护罩，尽可能自己动手，步骤方法正确，零部件摆放有序。

3）操作数控机床时，要注意人身和设备安全。

3. 实训内容

1）结合前导课程学过的数控机床结构原理等理论知识，针对现场现有设备进行功能结构的分析认识。

2）操作练习数控机床手动/自动方式的主轴、进给、刀具功能，以及手轮进给及各种倍率开关的正确使用方法。

3）在教师的指导下，打开伺服电动机及滚珠丝杠保护罩，观察进给轴传动链各零部件是如何实现运动的，观察完后恢复原样。

4）现场分析零件加工的形状及位置精度与机床各零部件安装精度之间的关系。

4. 考核评价

序号	考核内容	实训结果	配分	得分
1	分析数控车床与加工中心换刀的工作过程,观察它们在换刀到位后的锁紧是如何实现的		15	
2	拆装电动机、丝杠保护罩,观察进给轴传动链各零部件是如何实现运动的		10	
3	数控机床操作		25	
4	观察后描述零件加工的形状及位置精度与机床各零部件安装精度之间的关系		50	
	总分		100	

实训课题二 数控车床 Z 轴进给机械部分的拆装与调试

1. 实训目的

通过数控车床 Z 轴进给机械部分的拆装与调试练习，学生应能基本了解其他数控机床进给轴的传动结构，学会数控机床进给轴机械部分拆装调试的基本方法和步骤，为以后维修进给轴机械部分积累知识。

2. 实训要求

1）分组练习，团队协作。

2）先制订拆装调试的工艺步骤，再动手进行拆装调试。

3）拆卸、安装的工艺路线应合理，并在拆装结束后进行总结。

4）调试方法和步骤正确。

3. 实训内容

1）数控车床 Z 轴机械部分的拆卸。

2）数控车床 Z 轴机械结构部分零部件的清洗、润滑。

3）数控车床 Z 轴机械部分的安装，装配示意如图 1 所示。

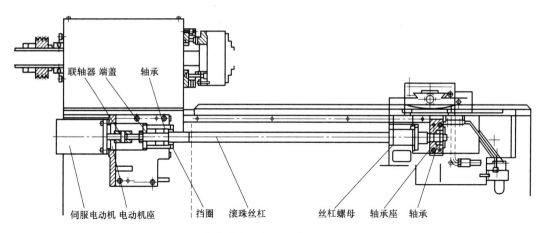

图 1 数控车床 Z 轴机械部分装配示意图

4）数控车床 Z 轴机械部分安装精度的调试。

5）学会数控机床机械部分拆卸、安装及调试的方法和步骤。

4. 实训场地与器材

（1）实训场地 校内数控实训中心。

（2）实训器材 数控车床、活扳手、内六角扳手、一字（十字）螺钉旋具、开口钳、尖嘴钳、拔销器、顶拔器、锤子、铜棒、毛刷、煤油、机油、润滑脂、白纸、干净棉布、百分表、杠杆千分表、磁力表座、桥尺等。

5. 操作步骤及工作要点

1）制订拆卸、安装的工艺路线。

2）准备工量器具及材料。

3）按制订的工艺路线拆卸数控车床 Z 轴机械结构部分。

4）用煤油清洗拆卸下来的零部件。

5）沥干后，用机油润滑滚珠丝杠及螺母，给轴承加注润滑脂。

6）按制订的工艺路线对 Z 轴机械结构部分进行装配。

7）调整滚珠丝杠相对于 Z 轴导轨平行度的安装位置，误差达到 0.01mm/500mm 以内；丝杠轴向圆跳动误差在 0.002mm 以内，调试方法如图 2 所示。

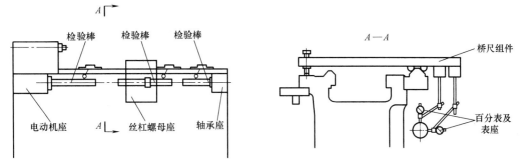

图 2　Z 轴丝杠安装位置调试

6. 注意事项

1）对精度要求高和结构脆弱的零部件，如滚珠丝杠及螺母、导轨、伺服电动机、检验棒及检验套等，拆装时不能用铁制工具重击。

2）滚珠丝杠须垂直悬挂，以防变形。

3）给轴承加注润滑脂时，以 1/3 左右量为宜。

4）测量不同检验棒处的位置值，搬动桥尺和百分表时要轻拿轻放，以防表的读数不准。

5）用手旋转检验棒时，要掌握好力度，以防检验棒在检验套中发生偏转，而使得检验棒传递出的位置信息不准。

7. 考核评价

基本要求：时间 120min，在规定时间内完成安装调试，并注意人身及设备安全；掌握数控机床进给轴机械结构拆装及调试的基本方法和技巧。

序号	考核内容	实训结果	配分	得分
1	数控车床 Z 轴机械部分拆卸		20	
2	数控车床 Z 轴机械部分装配		35	
3	精度检查与调整		45	
总分			100	

实训课题三　数控车床电动刀架机械部分的拆装与调试

1. 实训目的

1）熟悉电动刀架机械部分结构，了解电动刀架正转选刀、反转锁紧的工作原理。

2）掌握数控机床电动刀架机械部分拆卸、安装及调试的方法和步骤。

3）通过电动刀架的拆装训练，为以后维修电动刀架机械部分打基础。

2. 实训要求

1）拆卸、安装的工艺路线合理。

2）装调的方法和步骤正确。

3. 实训内容

1）电动刀架机械部分的拆卸。

2）零部件的清洗、润滑。

3）电动刀架机械部分的装配。

4）电动刀架换刀动作的调试。

4. 实训场地与器材

（1）实训场地　校内数控实训中心。

（2）实训器材　电动刀架、活扳手、内六角扳手、一字（十字）螺钉旋具、开口钳、尖嘴钳、锤子、铜棒、毛刷、煤油、润滑油、润滑脂、白纸、干净棉布等。

5. 操作步骤及工作要点

1）制订拆卸、安装的工艺路线。

2）准备工量器具及材料。

3）按制订的工艺路线拆卸电动刀架机械结构部分。

4）分析和了解电动刀架正转选刀、反转锁紧的工作原理。

5）用煤油清洗拆卸下来的零部件。

6）沥干后，用润滑油润滑齿轮、蜗轮蜗杆、螺杆螺母，给轴承加注润滑脂。

7）按制订的工艺路线对电动刀架机械结构部分进行装配。

8）用手旋转蜗杆，或接线连电动机运行刀具功能，观察刀具功能是否正常。

6. 注意事项

1）对精度要求高和结构脆弱的零部件（如编码器），拆装时不能用铁制工具重击。

2）给轴承加注润滑脂时，以 1/3 左右量为宜。

7. 考核评价

基本要求：时间 80min，在规定时间内完成电动刀架的安装调试，以能否正确完成换刀动作为准考核其是否装配到位；注意人身及设备的安全；掌握数控车床电动刀架机械结构拆装及调试的基本方法和技巧。

序号	考核内容	实训结果	配分	得分
1	电动刀架机械部分的拆卸		35	
2	电动刀架机械部分的装配		45	
3	叙述电动刀架换刀的动作过程		20	
总分			100	

实训课题四　FANUC 0i/0i Mate D 数控系统的连接

1. 实训目的

1) 了解典型 FANUC 0i/0i Mate D 数控系统的硬件结构及特点。

2) 熟悉 FANUC 0i/0i Mate D 数控系统各硬件模块的作用、相互关系及其接口定义。

3) 掌握 FANUC 0i/0i Mate D 数控系统硬件的连接方法。

2. 实训要求

1) 理解各模块之间的连接关系，进行正确的连接。

2) 装调的方法和步骤正确。

3. 实训内容

1) 根据图 3 所示的实际数控系统填写考核表中对应的接口定义。

2) FANUC 数控系统 FSSB 光缆的连接。

3) FANUC 数控系统 I/O Link 的硬件连接。

4) FANUC 数控系统急停与 MCC 的连接。

5) FANUC 数控系统主轴指令信号的连接（变频主轴）。

6) 伺服电动机动力电源及反馈的连接。

4. 实训场地与器材

（1）实训场地　校内数控实训中心。

（2）实训器材　FANUC 0i/0i Mate TD 数控车床、万用表、内六角扳手、一字（十字）螺钉旋具、剥线钳、压线钳、开口钳、尖嘴钳、导线、线号管等。

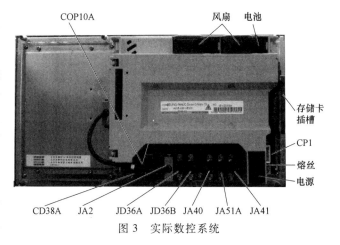

图 3　实际数控系统

5. 连接方法

1) 按图 4 所示，进行 FANUC 数控系统 FSSB 光缆的连接，用光缆从 CNC 的 COP10A 连至第一轴的驱动器 COP10B，再从第一轴驱动器 COP10A 串联至第二轴驱动器 COP10B，如果还有第三、第四轴，则依次从这个轴的 COP10A 串联至下一轴的 COP10B。

2) 数控系统 I/O Link 的硬件连接如图 5 所示，系统侧的 JD51A 接到 I/O 模块的 JD1B，I/O 模块再通过 4 个 50 芯插座连接的方式，与 MT 侧进行连接。I/O 模块上连接器（CB104、CB105、CB106、CB107）的引脚 B01（+24V）用于 DI 输入信号，它输出 DC 24V 电源，不要将外部 24V 电源连接到这些引脚上。每一个 DOCOM 都连在印制电路板上，如果使用连接器的输出信号，应确定输入 DC 24V 到每个连接器的 DOCOM。

3) 按照电气原理图进行急停与 MCC 回路的连接。急停按钮与各轴行程开关串接控制着急停继电器线圈，如图 6 所示，而急停继电器触点接在 PMC 急停控制信号 X8.4 和伺服放大器的 ESP 端子上，这两个部分中任意一个断开就出现报警，ESP 的断开又会使 MCC 的

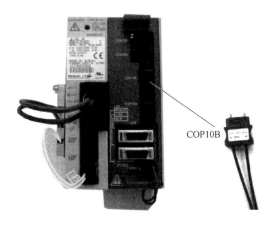

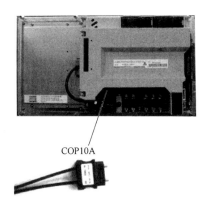

COP10B

COP10A

图 4　FSSB 光缆的连接

CX29 内部触点断开，从而控制伺服放大器的主电源断开，达到停止进给的目的。由于急停的重要性，在进行急停连接时，一定要严格按照设计好的电气原理图进行，而且要对完成连接的每一部分进行详细的检查。特别是有重力轴的机床，调试开机后，发现机床出现问题时，若按下急停按钮不能使机床紧急停止，或重力轴没有成功抱闸，对机床的伤害可能是毁灭性的。

4）模拟主轴的转速信号是从系统 JA40 口输出 0~10V 的模拟电压给变频器，从而控制主轴电动机的转速，三菱变频器连接 0~10V 模拟电压的接口是"2""5"，根据设备电气原理图进行主轴指令信号的连接。

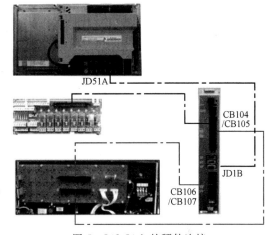

图 5　I/O Link 的硬件连接

5）伺服电动机动力电源及反馈的连接。按图 7 所示的连接关系，把伺服放大器与伺服电动机连接好。

6）检查接头是否连接正确，是否连接牢靠。

7）通电进行调试。

8）调试到位后，整理连接电缆，能进线槽的尽量进线槽。

6. **注意事项**

1）有些接头有方向之分，连接不对时，不能用力插拔。

2）为防止连接出错，需在按下急停按钮时启动系统。

3）连接完成后，按设备电气原理图依次上电，逐个检查，只有在 CP1 接头电压正常，极性无误的情况下，才能给系统上电。

4）整理电路时，一定要注意 FSSB 光缆线不能过于弯曲，因为此光缆线性脆易断。

5）连接光缆线前，所有的 COP10A（B）口都要盖上盖子，最后轴的 COP10A 即使空着不使用，也要盖上盖子，以防灰尘、污物影响信号。

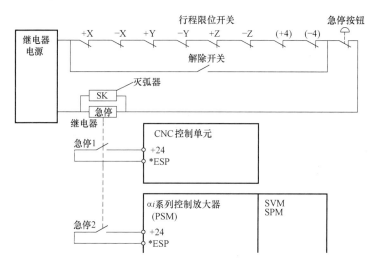

图 6 急停与 MCC 回路的连接

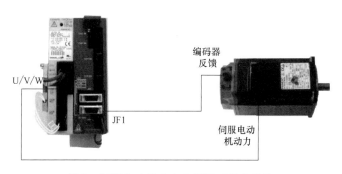

图 7 伺服电动机动力电源及反馈的连接

6）务毕给系统接地。

7. 考核评价

基本要求：时间 60min，在规定时间内完成系统各部分之间的连接，并进行开机调试；掌握 FANUC 0i/0i Mate D 数控系统硬件的连接方法。

序号	考核内容	实训结果		配分	得分
1	填写数控系统接口的含义	COP10A		9	
		CD38A			
		CA122			
		JA2			
		JD36A/JD36B			
		JA40			
		JD51A			
		JA41			
		CP1			
2	FSSB 光缆的连接			8	

序号	考核内容	实训结果	配分	得分
3	I/O Link 的连接		15	
4	急停与 MCC 的连接		40	
5	主轴指令信号的连接		10	
6	伺服电动机的连接		8	
7	数控车床电气连接		10	
总分			100	

实训课题五 系统启动电路的连接

1. 实训目的

1）熟悉常见的数控机床系统启动电路。

2）熟练掌握数控机床系统启动电路安装及调试的方法和步骤。

3）通过系统启动电路的连接训练，为以后的系统启动电路维修奠定基础。

2. 实训要求

1）根据图 8 所示的系统启动电路，对数控机床的系统启动电路进行连接和调试。

2）连接调试的方法和步骤正确。

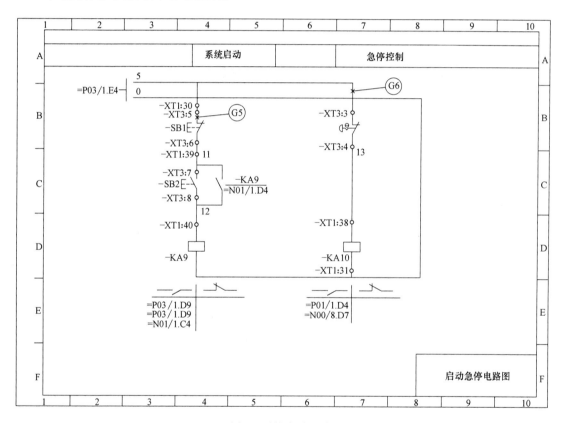

图 8 系统启动电路

3. 实训内容

1）熟悉数控机床的系统启动电路，能分析清楚对应的实际电路。

2）剪线、剥线、套线号管、压线鼻子、线路连线。

3）系统启动电路的检查。

4）系统启动电路的通电调试。

4. 实训场地与器材

（1）实训场地 校内数控实训中心

（2）实训器材 FANUC 0i/0i Mate TD 数控车床、万用表、内六角扳手、一字（十字）

螺钉旋具、剥线钳、压线钳、开口钳、尖嘴钳、导线、线号管等。

5. 操作步骤及工作要点

1）准备工量器具、材料及图样。

2）读懂电路图，确定连接的方法和步骤。

3）根据图样要求的横截面选择好导线，按机床电器元件的实际位置确定好长度剪线。

4）使用剥线钳剥好用于连接部分的线头。

5）根据图样上的标记套好线号管，并在剥开的导线部位用压线钳压上线鼻子。

6）按照图样连接好电路。

7）轻轻拨动各连接部位，检查是否已连接好，使用万用表检查电路是否连接正确。

8）先把进系统接口 CP1 上的插头拔下，启动电路，检查接系统插头处的电压和极性是否正确，确认没有问题并断电后，插上系统接口 CP1 处的插头，再开机进行确认。

9）连接调试好后，整理好线槽中的导线，并盖上线槽盖。

6. 注意事项

1）在进行导线连接时，要掌握好螺钉压紧力度，压不实时，线头会脱落或增大电阻而引起燃烧；若太过用力，则会破坏螺纹。

2）电路调试完成后，记得整理线槽中的导线，并盖好线槽盖板。

7. 考核评价

基本要求：时间 30min，在规定时间内完成系统启动电路的连接调试；注意人身及设备安全；熟练掌握数控机床系统启动电路连接调试的基本方法和技巧。

序号	考核内容	实训结果	配分	得分
1	选线、剪线		15	
2	剥线、套线号管、压线鼻子		15	
3	系统启动电路的连接		45	
4	系统启动电路的调试		20	
5	整理连接调试好的电路		5	
	总分		100	

实训课题六 三菱 E700 变频器的装调

1. 实训目的

1）了解变频器的工作原理及其在数控机床模拟量主轴中的作用。

2）认识三菱 E700 变频器各接口及基本参数的含义及作用。

3）掌握三菱 E700 变频器与模拟量主轴的连接方法和步骤。

4）学会三菱 E700 变频器参数的调试方法。

5）通过三菱 E700 变频器装调的训练，学会数控机床模拟量主轴的装调方法和技巧，为以后进行这方面的维修做好准备。

2. 实训要求

1）填写考核表中的参数及接口含义等相关内容。

2）按照设备电气原理图中的主轴电路图（图9）和变频器使用说明书对变频器进行接线。

3）针对机床对变频器参数调试到位。

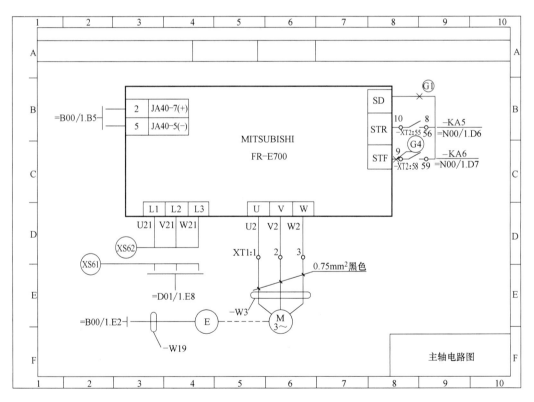

图 9　主轴电路图

3. 实训内容

1）理解三菱 E700 变频器各接口及基本参数的含义。

2）变频器与数控系统转速控制信号的连接。

3）变频器与正、反转信号的连接。

4）变频器参数的调试。

5）变频器与主轴电动机的连接。

4．实训场地与器材

（1）实训场地　校内数控实训中心。

（2）实训器材　模拟量主轴 FANUC 0i/0i Mate TD 数控车床、万用表、内六角扳手、一字（十字）螺钉旋具、剥线钳、压线钳、开口钳、尖嘴钳、导线、线号管等。

5．操作步骤及工作要点

1）准备工量器具、材料及图样。

2）读懂电路图，确定连接的方法和步骤。

3）根据图样上主轴控制电路各部分要求的横截面选择好导线，按机床电器元件的实际位置确定好长度剪线。

4）使用剥线钳剥好用于连接部分的线头。

5）根据图样上的标记套好线号管，并在剥开的导线部位用压线钳压上线鼻子。

6）按照图 10 所示的要求把系统 JA40 接过来的转速信号线按正、负极连接至变频器的"2"和"5"两个端口。其中，SVC 和 ES 为主轴指令电压和公共端，ENB1 和 ENB2 为主轴使能信号，当主轴指令电压有效时，ENB1、ENB2 接通，额定的模拟输出电压为 $0 \sim \pm 10V$，输出电流最大为 2mA，输出阻抗为 100Ω。

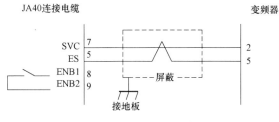

图 10　JA40 的连接

7）按电气原理图依次连接主轴正反转的控制回路和主电路。

8）分别连接变频器的主电源和主轴电动机。

9）轻轻拨动各连接部位，检查是否已连接好，使用万用表检查电路是否连接正确。

10）按照变频器使用手册，通电进行变频器的参数调试。

11）通电进行模拟量主轴转速和转向的接线调试。

12）连接调试好后，整理好线槽中的导线并盖上线槽盖。

6．注意事项

1）在进行导线连接时，要掌握好螺钉压紧力度，压不实时，线头会脱落或增大电阻而引起燃烧；若太过用力，则会破坏螺纹。

2）电路调试完成后，记得整理线槽中的导线，并盖好线槽盖板。

7．考核评价

基本要求：时间 60min，在规定时间内完成三菱 E700 变频器的连接调试；注意人身及设备安全；掌握三菱 E700 变频器连接调试的基本方法和技巧。

序号	考核内容	实训结果		配分	得分
1	填写变频器参数含义	参数号	含义	10	
		P.0			
		P.1			
		P.2			
		P.3			
		P.7			
		P.8			
		P.13			
		P.19			
		P.61			
		P.79			
2	转速控制电路的连接			15	
3	转向控制回路的连接			25	
4	主电源及电动机的连接			15	
5	变频器参数的调试			20	
6	模拟量主轴的调试			10	
7	整理连接调试好的电路			5	
总分				100	

实训课题七　刀架电动机正反转控制电路的装调

1. 实训目的

1）了解数控车床电动刀架正转选刀、反转锁紧的电气控制实现过程。

2）掌握常见的数控车床电动刀架自动换刀的电气线路连接及调试的方法和步骤。

3）学会电动机正反转控制互锁电路的连接方法。

4）通过刀架电动机正反转控制电路的装调训练，为以后进行电动刀架电气控制部分的维修打下基础。

2. 实训要求

1）能读懂刀架电动机正反转控制相关电路图。

2）按照电气原理图进行刀架电动机正反转控制电路的连接与调试。

3）刀架电动机正反转控制电路的连接与调试方法和步骤正确。

3. 实训内容

1）刀架电动机正反转控制电路的分析。

2）刀架电动机正反转控制电路的连接。

3）刀架电动机正反转控制电路的调试。

4. 实训场地与器材

（1）实训场地　校内数控实训中心。

（2）实训器材　FANUC 0i/0i Mate TD 数控车床、万用表、内六角扳手、一字（十字）螺钉旋具、剥线钳、压线钳、开口钳、尖嘴钳、导线、线号管等。

5. 操作步骤及工作要点

1）准备工量器具、材料及图样。

2）读懂电路图，确定连接的方法和步骤。

3）根据图样要求的横截面选择好导线，按机床电器元件的实际位置确定好长度剪线。

4）使用剥线钳剥好用于连接部分的线头。

5）根据图样上的标记套好线号管，并在剥开的导线部位用压线钳压上线鼻子。

6）按照图样把刀具编码器上各刀位信号与 I/O 模块连接好。

7）PMC 输出的刀架电动机正反转继电器控制回路的连接。

8）刀架电动机正反转控制接触器回路的连接。

9）轻轻拨动各连接部位，检查是否已连接好，使用万用表检查电路是否连接正确。

10）通电调试正转选刀、反转锁紧的电路，直至到位。

11）连接调试好后，整理好线槽中的导线，并盖上线槽盖。

6. 注意事项

1）在进行导线连接时，要掌握好螺钉压紧力度，压不实时，线头会脱落或增大电阻而引起燃烧；若太过用力，则会破坏螺纹。

2）因为主轴正反转是通过其中两相互换来实现的，为防止出现相线之间短路，接触器控制回路必须按要求做好互锁。

3）电路调试完成后，记得整理线槽中的导线，并盖好线槽盖板。

7. 考核评价

基本要求：时间30min，在规定时间内完成刀架电动机正反转控制电路的装调；注意人身及设备安全；掌握数控车床刀架电动机正反转控制电路的连接与调试的基本方法和技巧。

序号	考核内容	实训结果	配分	得分
1	刀位信号与I/O模块的连接		15	
2	继电器输出回路的连接		25	
3	接触器控制电路的连接		20	
4	电动机正反转互锁电路的连接与调试		20	
5	刀架电动机正反转控制电路的调试		15	
6	整理连接调试好的电路		5	
总分			100	

实训课题八 系统 CNC 参数及梯形图的备份与恢复

1. 实训目的

1）理解系统参数与梯形图备份与恢复的目的和意义。

2）熟练掌握使用 CF 卡对数控机床系统 CNC 参数及 PMC 梯形图进行备份与恢复的方法和步骤。

3）熟练掌握使用 RS232 通信线对数控机床系统 CNC 参数及 PMC 梯形图进行备份与恢复的方法和步骤。

2. 实训要求

1）会正确操作通信软件。

2）熟练掌握使用 CF 卡对系统 CNC 参数及梯形图进行备份与恢复的正确方法和步骤。

3）学会使用 RS232 通信线对系统 CNC 参数及梯形图进行备份与恢复的正确方法和步骤。

3. 实训内容

1）练习使用计算机通信软件。

2）练习使用 CF 卡。

3）使用 RS232 通信线分别对数控机床系统 CNC 参数及 PMC 梯形图数据进行备份与恢复。

4）使用 CF 卡分别对数控机床系统 CNC 参数及 PMC 梯形图数据进行备份与恢复。

4. 实训场地与器材

（1）实训场地 校内数控实训中心。

（2）实训器材 FANUC 0i/0i Mate TD 数控车床、计算机及通信软件、CF 卡、读卡器、RS232 通信线等

5. 操作步骤及工作要点

1）进行数据传输相应方式的设定。

2）安装 CF 卡或在系统和计算机之间连接 RS232 线缆，并打开计算机和启动系统。

3）使用不同方法分别备份系统 CNC 参数及 PMC 梯形图。

4）清除系统中的 CNC 参数及 PMC 梯形图。

5）使用不同方法分别恢复系统 CNC 参数及 PMC 梯形图数据。

6）系统 CNC 参数及梯形图恢复后，关机重启使数据生效。

7）设定机床的参考点，并检查机床功能是否正常。

6. 注意事项

1）当 CF 卡插入困难时，有可能是 CF 卡插反，此时不能用力插入，否则有可能使卡槽中的卡针变形。

2）在计算机和系统之间连接 RS232 线缆时，必须在断电情况进行，否则有可能烧坏设备。

7. 考核评价

基本要求：时间 30min，注意设备安全；掌握系统 CNC 参数及梯形图备份与恢复的基本

方法和技巧。

序号	考核内容	实训结果	配分	得分
1	系统设定		5	
2	计算机软件操作		15	
3	使用 CF 卡备份数据		20	
4	使用 CF 卡恢复数据		20	
5	使用 RS232 通信线备份数据		20	
6	使用 RS232 通信线恢复数据		20	
总分			100	

实训课题九 FANUC 0i/0i Mate D 数控系统常见参数的调试

1. 实训目的

1）了解 FANUC 0i/0i Mate D 数控系统参数的类型和特点。

2）学习 FANUC 0i/0i Mate D 数控系统常见参数的含义和作用。

3）熟练掌握 FANUC 0i/0i Mate D 数控系统参数的调试方法和步骤。

2. 实训要求

1）填写考核表中相应参数的含义。

2）掌握基本参数的含义及调试方法。

3）能正确、快速地调试系统参数。

4）能对系统的基本功能性故障做出对应参数的快速定位。

3. 实训内容

1）学习并掌握 FANUC 0i/0i Mate D 数控系统常见参数的含义和作用。

2）对 FANUC 0i/0i Mate D 数控系统设定相关联参数进行调试。

3）对 FANUC 0i/0i Mate D 数控系统主轴相关联参数进行调试。

4）对 FANUC 0i/0i Mate D 数控系统伺服相关联参数进行调试。

5）对 FANUC 0i/0i Mate D 数控系统手轮相关联参数进行调试。

6）对 FANUC 0i/0i Mate D 数控系统速度参数进行调试。

4. 实训场地与器材

（1）实训场地 校内数控实训中心

（2）实训器材 FANUC 0i/0i Mate TD 数控车床、FANUC 0i/0i Mate D 系统参数说明书等参考资料。

5. 操作步骤及工作要点

1）在 MDI 方式下按"OFFSET"键，进入设定画面，将参数可写入状态置"1"。

2）按"SYSTEM"键进入参数设定画面。

3）通过光标移动键、翻页键及参数号搜索方式找到需要调试的参数位置，在该位置输入想要设置的值。

4）使用这种调试方法逐个对设定相关联参数、主轴相关联参数、伺服相关联参数、手轮相关联参数、速度参数进行设定。

5）对于有些重要参数，在重新设定后，系统提示关机重启，这样新设置的参数才会生效。

6. 注意事项

1）为了防止参数调试时出现意外，在参数调试过程中，最好按下急停开关。

2）设定软限位前，要先建立机床零点。

7. 考核评价

基本要求：时间 30min，注意设备安全；掌握 FANUC 0i/0i Mate D 数控系统常见参数调试的基本方法和技巧。

序号	考核内容	实训结果		配分	得分
1	填写参数含义	参数号	参数含义	20	
		0000#2			
		20			
		1006#3			
		1020			
		1022			
		1023			
		1320			
		1321			
		1420			
		1422			
		1423			
		1424			
		1815#4			
		1815#5			
		1825			
		1826			
		1851			
		2020			
		2022			
		2023			
		2024			
		2084、2085			
		3003#0			
		3003#2			
		3004#5			
		3111#0			
		3111#1			
		3401#0			
		3620			
		3621			
		3622			
		3624			
		3708#0			
		3741/2/3/4			
		4002#1			
		4019#7			
		4133			
		7113			
		7114			
		8131#0			
2	设定相关联参数的调试			10	

序号	考核内容	实训结果	配分	得分
3	主轴相关联参数的调试		15	
4	伺服相关联参数的调试		25	
5	手轮相关联参数的调试		15	
6	速度参数的调试		15	
总分			100	

实训课题十 工作方式梯形图的装调

1. 实训目的

1）弄懂工作方式相关信号指令的含义及作用。

2）熟悉和学会工作方式梯形图相关信号的逻辑关系并能编辑控制程序。

3）掌握工作方式梯形图的调试方法和技巧。

2. 实训要求

1）按下表中给出的信号地址在线编写工作方式梯形图程序。

序号	地址信号	含义	序号	地址信号	含义
1	X0.0	手轮 Z 方式按钮	8	Y1.3	手轮 Z 方式指示灯
2	X0.1	回参考点方式按钮	9	Y0.5	回参考点方式指示灯
3	X0.5	手轮 X 方式按钮	10	Y0.2	手轮 X 方式指示灯
4	X1.1	手动 JOG 方式按钮	11	Y0.6	手动 JOG 方式指示灯
5	X1.2	自动方式按钮	12	Y1.2	自动方式指示灯
6	X1.6	MDI 方式按钮	13	Y1.4	MDI 方式指示灯
7	X2.5	编辑方式按钮	14	Y1.6	编辑方式指示灯

2）程序思路清晰。

3）编写的程序准确无误。

3. 实训内容

1）删除机床中原有的关于工作方式的控制程序。

2）按上表中分配好的各输入、输出信号地址，编写编辑、MDI、自动、手动 JOG、手轮、回参考点等工作方式的梯形图控制程序。

3）对编好输入机床的工作方式控制程序进行调试到位。

4. 实训场地与器材

（1）实训场地 校内数控实训中心

（2）实训器材 FANUC 0i/0i Mate TD 数控车床、FANUC 0i/0i Mate D 系统 PMC 梯形图编程说明书等参考资料。

5. 操作步骤及工作要点

1）按照给出的地址信号，手动编写机床的编辑、MDI、自动、手动 JOG、手轮、回参考点等工作方式的梯形图控制程序。

2）上电时，同时按下"X"键和"O"键，清除原梯形图程序，确认原梯形图程序被删除后，关机重启。

3）保持型继电器 K17.1 置"1"，K19.0 置"1"。

4）按"SYSTEM"键依次进入 PMC→梯形图→编辑→缩放，在窗口中输入手写编辑好的梯形图程序。

5）把输入系统中的梯形图程序保存至 FROM 中。

6）对编好输入机床的工作方式控制程序进行调试到位。

6. 注意事项

清除梯形图程序前，最好备份原程序。

7. 考核评价

基本要求：时间 30min，在规定时间内完成工作方式梯形图的编辑与调试；掌握数控机床工作方式梯形图编辑与调试的基本方法和技巧。

序号	考核内容	实训结果	配分	得分
1	PMC 编辑的相关设定		5	
2	编辑工作方式梯形图的编辑		10	
3	MDI 工作方式梯形图的编辑		10	
4	自动工作方式梯形图的编辑		10	
5	手动工作方式梯形图的编辑		10	
6	手轮工作方式梯形图的编辑		10	
7	回零工作方式梯形图的编辑		10	
8	工作方式梯形图的调试		35	
	总分		100	

实训课题十一　手轮装调

1. 实训目的

1）了解手轮的结构特点、作用及控制原理。

2）学习手轮相关控制信号的含义与使用。

3）通过练习，学会手轮梯形图控制程序的编写思路。

4）掌握手轮功能相关参数的作用与设定方法。

5）熟练掌握手轮功能调试的方法和步骤。

2. 实训要求

1）按下表中给出的信号地址在线编写手轮功能梯形图程序。

序号	地址信号	含义	序号	地址信号	含义
1	X0.0	手轮 Z 轴选输入按钮	7	Y7.0	手轮 Z 轴选指示灯
2	X0.5	手轮 X 轴选输入按钮	8	Y0.2	手轮 X 轴选指示灯
3	X0.6	手轮倍率×1 输入	9	Y0.0	手轮倍率×1 指示灯
4	X1.3	手轮倍率×10 输入	10	Y0.1	手轮倍率×10 指示灯
5	X1.7	手轮倍率×100 输入	11	Y1.7	手轮倍率×100 指示灯
6	X2.0	手轮倍率×1000 输入	12	Y0.7	手轮倍率×1000 指示灯

2）程序思路清晰。

3）编写的程序准确无误。

3. 实训内容

1）删除机床中原有的关于手轮功能的控制程序及手轮相关参数。

2）按上表中分配好的各输入、输出信号地址，编写手轮轴选、手轮倍率的梯形图控制程序。

3）对编好输入机床的手轮功能控制程序及相关参数进行调试到位。

4. 实训场地与器材

（1）实训场地　校内数控实训中心

（2）实训器材　FANUC 0i/0i Mate TD 数控车床、FANUC 0i/0i Mate D 系统 PMC 梯形图编程说明书、FANUC 0i/0i Mate D 系统参数说明书、亚龙 569A 型教学维修实训台电气原理图等参考资料

5. 操作步骤及工作要点

1）按照给出的地址信号，手动编写手轮功能的梯形图控制程序。

2）删除原梯形图中关于手轮的梯形图程序，删除与手轮相关的参数，并用手轮功能检查是否删除成功。

3）保持型继电器 K17.1 置 "1"，K19.0 置 "1"。

4）按 "SYSTEM" 键依次进入 PMC→梯形图→编辑→缩放，在窗口中输入手写编辑好的梯形图程序。

5）把输入系统中的梯形图程序保存至 FROM 中。

6）设定手轮相关参数。

7）对编好输入机床的手轮控制程序进行调试到位。

6. 注意事项

1）删除梯形图程序前，最好备份原程序。

2）对于教学用小型机床，一般不用手轮×1000倍率，因为练习编写程序进行调试时，移动速度一定要慢。

7. 考核评价

基本要求：时间20min，在规定时间内完成手轮功能的安装调试；掌握数控机床手轮功能装调的基本方法和技巧。

序号	考核内容	实训结果	配分	得分
1	PMC编辑的相关设定		5	
2	手轮轴选功能梯形图的编辑		25	
3	手轮倍率梯形图的编辑		25	
4	手轮功能相关参数的设定		15	
5	手轮功能梯形图的调试		30	
总分			100	

实训课题十二　电动刀架换刀程序的调试

1. 实训目的

1）了解数控车床电动刀架正转选刀、反转锁紧控制过程的工作原理。

2）读懂数控车床电动刀架手动换刀梯形图控制程序，并学会它的编写思路。

3）读懂数控车床电动刀架自动换刀梯形图控制程序，并学会它的编写思路。

4）熟练掌握数控车床电动刀架换刀梯形图控制程序的调试方法和步骤。

5）通过电动刀架换刀程序的调试训练，为以后诊断维修电动刀架换刀程序打基础。

2. 实训要求

1）按下表中给出的信号地址在线编写电动刀架换刀梯形图控制程序。

序号	地址信号	含义	序号	地址信号	含义
1	X0.2	手动选刀按钮	5	X3.3	4 号刀的输入信号
2	X3.0	1 号刀的输入信号	6	Y6.1	手动选刀指示灯
3	X3.1	2 号刀的输入信号	7	Y2.2	刀架正转控制输出信号
4	X3.2	3 号刀的输入信号	8	Y2.3	刀架反转控制输出信号

2）程序思路清晰。

3）编写的程序准确无误。

3. 实训内容

1）删除机床中原有的关于电动刀架换刀的控制程序。

2）按上表中分配好的各输入、输出信号地址，编写电动刀架换刀的梯形图控制程序。

3）对编好输入机床的手轮功能控制程序及相关参数进行调试到位。

4. 实训场地与器材

（1）实训场地　校内数控实训中心。

（2）实训器材　FANUC 0i/0i Mate TD 数控车床、FANUC 0i/0i Mate D 系统 PMC 梯形图编程说明书、亚龙 569A 型教学维修实训台电气原理图等参考资料。

5. 操作步骤及工作要点

1）按照给出的地址信号，手动编写数控车床电动刀架换刀的梯形图控制程序。

2）删除原梯形图中关于电动刀架换刀的梯形图控制程序，保存至 FROM 中，运行换刀功能，检查是否删除成功。

3）保持型继电器 K17.1 置"1"，K19.0 置"1"。

4）按"SYSTEM"键依次进入 PMC→梯形图→编辑→缩放，在窗口中输入手写编辑好的梯形图程序。

5）把输入系统中的梯形图程序保存至 FROM 中。

6）对编好输入机床的电动刀架换刀控制程序进行调试到位。

6. 注意事项

1）为了防止刀架电动机主电路短路，不仅接触器控制电路要互锁，编写的梯形图程序也要实现互锁。

2）反转锁紧的时间设定一定不能过长，否则有可能烧坏电动机或损伤刀架机械结构。

7. 考核评价

基本要求：时间 80min，在规定时间内完成电动刀架换刀程序的调试，以能否正确完成换刀动作为准检验是否装调到位；注意人身及设备安全；掌握数控车床电动刀架换刀程序调试的基本方法和技巧。

序号	考核内容	实训结果	配分	得分
1	PMC 编辑的相关设定		5	
2	手动换刀梯形图程序的编辑		20	
3	自动换刀梯形图程序的编辑		30	
4	手动换刀梯形图程序的调试		20	
5	自动换刀梯形图程序的调试		25	
总分			100	

实训课题十三　主轴功能及主轴倍率程序的调试

1. 实训目的

1）了解模拟量主轴正反转控制及倍率实现的过程。

2）读懂模拟量主轴手动和自动正反转控制的梯形图程序，并学会它的编写思路。

3）读懂主轴倍率的梯形图程序，并学会它的编写思路。

4）掌握主轴功能及主轴倍率程序调试的方法和步骤。

5）通过对主轴功能及主轴倍率程序的调试训练，为以后进行主轴功能或主轴倍率程序故障的维修打下基础。

2. 实训要求

1）按下表中给出的信号地址在线编写主轴功能及主轴倍率梯形图程序。

序号	地址信号	含义	序号	地址信号	含义
1	X11.2	主轴停止手动按钮	5	X11.6	主轴反转手动按钮
2	X11.3	主轴点动按钮	6	Y7.2	主轴正转灯
3	X11.5	主轴正转手动按钮	7	Y7.4	主轴反转灯
4	X10.7 X11.0 X11.1	主轴倍率选择波段开关信号	8	Y3.7	主轴正转
			9	Y3.6	主轴反转

2）程序思路清晰。

3）编写的程序准确无误。

3. 实训内容

1）删除机床中原有的关于主轴功能及主轴倍率程序。

2）按上表中分配好的各输入、输出信号地址，编写主轴手动、自动正反转功能及主轴倍率的梯形图程序。

3）对编好输入机床的主轴功能及主轴倍率程序进行调试到位。

4. 实训场地与器材

（1）实训场地　校内数控实训中心。

（2）实训器材　FANUC 0i/0i Mate TD 数控车床、FANUC 0i/0i Mate D 系统 PMC 梯形图编程说明书、亚龙 569A 型教学维修实训台电气原理图等参考资料。

5. 操作步骤及工作要点

1）按照给出的地址信号，手动编写数控车床模拟量主轴正反转功能及主轴倍率程序。

2）删除原梯形图中关于主轴功能及主轴倍率程序，运行主轴正反转功能，检查是否删除成功。

3）保持型继电器 K17.1 置 "1"，K19.0 置 "1"。

4）按 "SYSTEM" 键依次进入 PMC→梯形图→编辑→缩放，在窗口中输入手写编辑好的梯形图程序。

5）把输入至系统中的梯形图程序保存至 FROM 中。

6）依次对编好输入机床的手动和自动主轴正反转功能及主轴倍率程序进行调试到位。

6. 注意事项

调试主轴正反转及倍率功能时，为防止主轴转速过高而出现危险，应在调试该功能前，设定好钳制主轴最高转速的参数。

7. 考核评价

基本要求：时间 30min，在规定时间内完成主轴功能及主轴倍率程序的调试；注意人身及设备安全；掌握数控机床模拟量主轴功能及主轴倍率程序调试的基本方法和技巧。

序号	考核内容	实训结果	配分	得分
1	PMC 编辑的相关设定		5	
2	主轴点动梯形图控制程序的编辑		15	
3	主轴手动正反转梯形图程序的编辑		15	
4	主轴自动正反转梯形图程序的编辑		25	
5	主轴倍率梯形图程序的编辑		20	
6	主轴功能及主轴倍率程序的调试		20	
总分			100	

实训课题十四　三色灯闪烁程序的调试

1. 实训目的

1）认识机床各工作状态及三色灯在机床运行中的作用。

2）学会三色灯闪烁程序的编写思路。

3）掌握三色灯闪烁程序调试的方法和步骤。

2. 实训要求

1）按下表中给出的信号地址在线编写三色灯闪烁梯形图控制程序，亮 1s 灭 1s 地循环闪烁。

序号	地址信号	含义
1	Y3.1	黄灯
2	Y3.2	绿灯
3	Y3.3	红灯

2）程序思路清晰。

3）编写的程序准确无误。

3. 实训内容

1）删除机床中原有的三色灯梯形图控制程序。

2）按上表中分配好的各输入、输出信号地址，编写三色灯闪烁梯形图控制程序。

3）对编好输入机床的三色灯闪烁梯形图控制程序进行调试到位。

4. 实训场地与器材

（1）实训场地　校内数控实训中心。

（2）实训器材　FANUC 0i/0i Mate TD 数控车床、FANUC 0i/0i Mate D 系统 PMC 梯形图编程说明书、亚龙 569A 型教学维修实训台电气原理图等参考资料。

5. 操作步骤及工作要点

1）按照给出的地址信号，手动编写数控机床三色灯闪烁梯形图控制程序。

2）删除原梯形图中三色灯梯形图控制程序，观察三色灯状态，检查是否删除成功。

3）保持型继电器 K17.1 置 "1"，K19.0 置 "1"。

4）按 "SYSTEM" 键依次进入 PMC→梯形图→编辑→缩放，在窗口中输入手写编辑好的梯形图程序。

5）把输入系统中的梯形图程序保存至 FROM 中。

6）对编好输入机床的三色灯闪烁梯形图控制程序进行调试到位。

6. 注意事项

选择定时器时，定时器号不能和程序中已用的定时器的同号。

7. 考核评价

基本要求：时间 30min，在规定时间内完成三色灯闪烁程序的调试；掌握数控机床三色灯闪烁程序调试的基本方法和技巧。

序号	考核内容	实训结果	配分	得分
1	PMC 编辑的相关设定		10	
2	三色灯闪烁程序的编辑		50	
3	三色灯闪烁程序的调试		40	
总分			100	

实训课题十五　非挡块式方式回参考点的设定

1. 实训目的

1) 认识机床参考点在数控加工中的重要作用及参考点设定的合理位置。

2) 理解机床回参考点不同方式对应的配置情况及功能实现原理。

3) 熟练掌握非挡块式方式回参考点的设定方法和步骤。

2. 实训要求

1) 数控车床参考点的机械位置：X 和 Z 方向离它们各自的正限位位置 30~50mm。

2) 数控加工中心参考点的机械位置：X 和 Y 方向离它们各自的正限位位置 30~50mm；Z 方向是在机床换刀时，主轴下端面离刀库中送过来刀具刀柄的上部 10mm 左右。

3. 实训内容

1) 对绝对式编码器 FANUC 0i/0i Mate TD 数控车床进行非挡块式方式回参考点的设定。

2) 对绝对式编码器 FANUC 0i/0i Mate MD 加工中心进行非挡块式方式回参考点的设定。

4. 实训场地与器材

（1）实训场地　校内数控实训中心。

（2）实训器材　FANUC 0i/0i Mate TD 数控车床、FANUC 0i/0i Mate MD 加工中心、FANUC 0i/0i Mate D 操作说明书等。

5. 操作步骤及工作要点

1) 按"SYSTEM"键，再按"参数"软键，搜索 1815 号参数，让 1815#4 置"0"，取消原来设定的参考点，关机重启，使设定的参数生效。

2) 手动方式下移动各坐标轴，使各轴机械位置符合参考点设置要求，然后停下来。

3) 把 1815#4 置"1"，按系统提示关机重启，使设定的参数生效。

4) 手动回零，检查参考点设定是否正确。

6. 注意事项

加工中心 Z 轴零点的设定，要保证换刀时，主轴不会撞上送过来的刀柄。

7. 考核评价

基本要求：时间 30min，在规定时间内完成非挡块式方式回参考点的设定。

序号	考核内容	实训结果	配分	得分
1	数控车床非挡块式方式回参考点的设定		45	
2	加工中心非挡块式方式回参考点的设定		55	
	总分		100	

实训课题十六 电子齿轮传动比的设定

1. 实训目的

1）理解数控机床电子齿轮传动比的作用及计算方法。

2）学会数控机床电子齿轮传动比的设定方法和操作步骤。

3）掌握数控机床电子齿轮传动比设定完成后的检测方法。

2. 实训要求

1）根据所使用数控车床 X 轴和 Z 轴传动丝杠的螺距 P，分别计算两个轴的电子齿轮传动比 $2084/2085 = 1000P/1000000$，约分后的得数。

2）在系统中设定所使用数控车床的电子齿轮传动比。

3）校验设定是否正确。

3. 实训内容

1）根据机械尺寸设定数控机床电子齿轮传动比。

2）架设磁力表座和百分表校验设定的电子齿轮传动比是否正确。

4. 实训场地与器材

（1）实训场地 校内数控实训中心。

（2）实训器材 FANUC 0i/0i Mate TD 数控车床、FANUC 0i/0i Mate D 操作说明书、FANUC 0i/0i Mate D 系统参数说明书等。

5. 操作步骤及工作要点

1）测量 X 轴、Z 轴滚珠丝杠的螺距 P。

2）分别计算 X 轴、Z 轴电子齿轮传动比 $2084/2085 = 1000P/1000000$，约分后的得数。

3）按"SYSTEM"键，再按"参数"软键，搜索 2084 和 2085 号参数，分别把计算得出的 X 轴、Z 轴电子齿轮传动比约分后得数的分子输入 2084，分母输入 2085，关机重启，使设定的参数生效。

4）分别在 X、Z 轴固定部件（移动部件）上架设磁力表座，使移动部件（固定部件）接触百分表测头，压表并校零。

5）MDI 方式下，运行程序段 G98 G01 U（W）3 F80。

6）进给指令完成后，读取百分表读数，比较实际进给值与指令值是否一样，即可得知该轴的电子齿轮传动比设定得是否合理。

6. 注意事项

1）如果是压表测量，则指令进给值不要超过百分表的行程；如果是松表测量，则指令进给值不能超过百分表已经压下的行程。

2）当测量值与指令值不符时，应多测量几次，总结到底是测量的问题，还是设定的问题，或者是丝杠螺距误差的问题（丝杠螺距误差一般很小）。

7. 考核评价

基本要求：时间 30min，在规定时间内完成机床电子齿轮传动比的设定，通过架表测量来核定设定得是否正确。

序号	考核内容	实训结果	配分	得分
1	X 轴滚珠丝杠螺距的测量		5	
2	Z 轴滚珠丝杠螺距的测量		5	
3	X 轴电子齿轮传动比的计算		10	
4	Z 轴电子齿轮传动比的计算		10	
5	X 轴电子齿轮传动比的设定		15	
6	Z 轴电子齿轮传动比的设定		15	
7	X 轴电子齿轮传动比设定的检测		20	
8	Z 轴电子齿轮传动比设定的检测		20	
总分			100	

实训课题十七　机床软限位和硬限位的设定

1. 实训目的

1）理解数控机床设定限位的目的和意义。

2）学习并掌握数控机床软、硬限位的设定方法和步骤。

2. 实训要求

1）在机床原点设置合理的情况下，做好保护机床安全的软、硬限位设定。

2）通过校验，检查设定是否正确。

3. 实训内容

1）硬限位系统参数的设定。

2）硬限位开关及电路的安装与调试。

3）按下表中给出的信号地址在线编写硬限位梯形图程序并调试到位。

序号	地址信号	含义
1	X3.4	X 轴正向限位开关
2	X3.5	X 轴负向限位开关
3	X3.6	Z 轴正向限位开关
4	X3.7	Z 轴负向限位开关

4）软限位的设定。

4. 实训场地与器材

（1）实训场地　校内数控实训中心。

（2）实训器材　FANUC 0i/0i Mate TD 数控车床、FANUC 0i/0i Mate D 操作说明书、FANUC 0i/0i Mate D 系统参数说明书、限位开关（4 个）、万用表、内六角扳手、一字（十字）螺钉旋具、剥线钳、压线钳、开口钳、尖嘴钳、导线、线号管等。

5. 操作步骤及工作要点

1）观察 X 轴和 Z 轴进给极限位置，分别在四个方向的极限位置前面 10mm 左右处安装限位开关，并按要求的地址信号把开关信号线接至 I/O 电路中。

2）在线编辑硬限位梯形图控制程序，并进行调试。

3）3004#5 置 "0"。

4）移动进给轴至限位开关位置处，检查硬限位功能是否调试到位。

5）在机床原点设置合理的情况下，分别移动进给轴至硬限位开关前面 3～5mm 处，按 "POS" 键读取显示器上机床当前坐标位置值，并记录下来。

6）把记录下来想要设定软限位位置的坐标值输入 1320 和 1321 号对应位置的参数中，通过移动检查设定是否合理。

6. 注意事项

1）限位位置的确定：在保证机床安全的前提下，应尽可能地使有用行程加大，以提高机床的利用率。

2）软限位放在硬限位开关前比较好，这样可以有效地延长硬件开关的使用寿命。

3）在确定软限位点之前的移动过程中，如果还没有到达想要设定的位置，已经出现机床限位报警，这是原来的限位造成的。此时，可以先在 1320 和 1321 中设定至较远的位置处，再进行调试和设定。

7. 考核评价

基本要求：时间 60min，在规定时间内完成机床软、硬限位的设定。

序号	考核内容	实训结果	配分	得分
1	硬限位开关及电路的安装		25	
2	硬限位梯形图控制程序的编辑		30	
3	硬限位相关参数的设定		5	
4	硬限位功能的调试		15	
5	软限位的设定		25	
总分			100	

实训课题十八 使用步距规对数控车床 X 轴进行螺距补偿

1. 实训目的
1）认识丝杠螺距误差对机床加工精度的影响。
2）理解螺距补偿对数控机床工作的意义。
3）掌握使用步距规对数控机床进给轴进行螺距补偿的方法和步骤。

2. 实训要求
1）对数控车床 X 轴进行螺距补偿，补偿点为 6 个，采用双向补偿，计算测量 6 次的平均值作为补偿依据。
2）会使用步距规对进给轴螺距误差进行补偿，方法和步骤正确。
3）对补偿前的精度和补偿后的精度进行对比，应能明显看出补偿的效果。

3. 实训内容
1）螺距补偿的相关设定。
2）编辑测量螺距误差的程序。
3）使用步距规对数控车床 X 轴进行螺距误差补偿。
4）补偿后再次运行测量程序，比较补偿后的精度改善情况。

4. 实训场地与器材
（1）实训场地　校内数控实训中心。
（2）实训器材　FANUC 0i/0i Mate TD 数控车床、FANUC 0i/0i Mate D 操作说明书、步距规、磁力表座和杠杆千分表、计算器等。

5. 操作步骤及工作要点
1）在 Z 轴导轨上安放桥尺，调整好它与 X 轴方向在铅垂面内的平行度。
2）在调整好位置的桥尺上安放步距规，并调整步距规与 X 轴方向在水平面内的平行度。
3）待步距规的位置调整好以后，用磁力表座使步距规位置相对稳定。
4）在 X 轴拖板上安装磁力表座和千分表，并使千分表测头压上步距规的第一个测量台阶面，表盘指针校零位。
5）编写步距规双向测量程序，并将其输入系统中。
6）在 "OFFSET" 对刀画面中的当前刀位置处，设定 X 轴和 Z 轴都为 "0"。
7）在自动方式下运行步距规测量程序，并记录下每个测量面表头的读数。
8）根据指令值、步距规实际值以及表头测量值，计算出机床在每个节距位置上的误差值。
9）调取螺距补偿画面，在对应测量点（号）中输入误差值，并在螺距补偿参数中设定好以下相应条件。
① 3605# 0 为是否使用双向螺距误差补偿，0 为不使用，1 为使用。
② 3620 为每个轴的参考点的螺距误差补偿点号。
③ 3621 为每个轴的最靠近负侧的螺距误差补偿点号。
④ 3622 为每个轴的最靠近正侧的螺距误差补偿点号。

⑤ 3624 为每个轴的螺距误差补偿点间隔。

编写步距规测量程序时，应考虑好是采用单向还是双向测量，如果使用双向补偿，则千分表从头往后测量一遍测量面的定位误差后，应再原路径返回测量一遍，这时，反向间隙也被测量出来了；若采用单向补偿，则千分表路径只是从头往后进行测量，这样，就要单独测量反向间隙。

6. 注意事项

1）为保证被测面尺寸准确，需要调整好步距规的摆放位置，让它与测量轴进给方向平行。

2）补偿数据的第一个点对应第一个检测点。

3）步距规尺寸比指令值大则补负值，比指令小则补正值。

7. 考核评价

基本要求：时间 90min，在规定时间内使用步距规对数控车床 X 轴进行螺距补偿。

序号	考核内容	实训结果			配分	得分
1	填入 6 次测量的误差值及平均值	补偿点	误差值	平均值	30	
		P_0				
		P_1				
		P_2				
		P_3				
		P_4				
		P_5				
2	测量程序的编辑				10	
3	步距规位置的调整				5	
4	测量程序运行				15	
5	相关设定及补偿				25	
6	补偿后的检测				15	
	总分				100	

实训课题十九　系统启动电路故障诊断与维修

1. 实训目的

通过系统启动电路故障诊断与维修实训，学生应学会系统启动电路故障诊断的分析思路，掌握系统启动电路故障维修的基本方法和步骤。

2. 实训要求

1）能根据故障现象，独立思考产生故障的可能原因，并有自己的故障解决思路。

2）查找故障过程中要做好记录，谨慎处理电路，防止出现短路而使故障扩大。

3）故障恢复后，接线螺钉要压实，整理好线路并放入线槽。

3. 实训内容

1）系统启动电路故障诊断分析。

2）系统启动电路故障维修。

4. 实训场地与器材

（1）实训场地　校内数控实训中心。

（2）实训器材　FANUC 0i/0i Mate TD 数控车床、设备电气原理图、万用表、螺钉旋具等。

5. 操作步骤及工作要点

1）根据故障现象，判断产生故障的可能原因。

2）使用万用表对照电气原理图，梳理查找系统启动电路各接线端子的连接情况。

3）故障点定位，故障复位。

4）解决完故障后，为保障系统的安全，应脱开进系统 CP1 接口 24V 电源插头，通电确认该插头处电压和极性是否正常，在断电的情况下插上插头，再给系统上电进行工作。

6. 注意事项

能断电检查的内容尽量不通电检查，以最大限度地保证人身和设备安全。

7. 考核评价

基本要求：时间 30min，在规定时间内完成系统启动电路故障诊断与维修任务。

序号	考核内容	实训结果		配分	得分
1	记录查找出来的故障	故障点	故障原因	60	
		1			
		2			
		3			
2	故障维修			40	
总分				100	

实训课题二十　急停报警故障诊断与维修

1. 实训目的

通过急停报警故障诊断与维修实训，学生应学会急停报警故障诊断的分析思路，了解 PMC 程序及 X8.4 信号、急停继电器电路、放大器急停回路与急停报警故障的关系，掌握急停报警故障维修的基本方法和步骤。

2. 实训要求

1）能根据故障现象，独立思考产生故障的可能原因，并有自己的故障解决思路。

2）查找故障过程中要做好记录，谨慎处理电路，防止出现短路而使故障扩大。

3）故障恢复后，接线螺钉要压实，整理好线路并放入线槽。

3. 实训内容

1）急停报警故障诊断分析。

2）急停报警故障维修。

4. 实训场地与器材

（1）实训场地　校内数控实训中心。

（2）实训器材　FANUC 0i/0i Mate TD 数控车床、设备电气原理图、万用表、螺钉旋具等。

5. 操作步骤及工作要点

1）根据故障现象，判断产生故障的可能原因。

2）查找分析系统 PMC 急停控制程序是否正确以及 PMC 的状态。

3）使用万用表对照电气原理图，梳理查找急停有关电路各接线端子的连接情况及工作状态。

4）故障点定位，并进行故障复位。

6. 注意事项

能断电检查的内容尽量不通电检查，以最大限度地保证人身和设备安全。

7. 考核评价

基本要求：时间 30min，在规定时间内完成急停报警故障诊断与维修任务。

序号	考核内容	实训结果	配分	得分
1	记录查找出来的故障	故障点 / 故障原因 1 2 3 4	60	
2	故障维修		40	
总分			100	

实训课题二十一　主轴功能故障诊断与维修

1. 实训目的

通过主轴功能故障诊断与维修实训，学生应学会主轴正反转功能故障、转速故障诊断的分析思路，掌握主轴功能故障维修的基本方法和步骤。

2. 实训要求

1）能根据故障现象，独立思考产生故障的可能原因，并有自己的故障解决思路。

2）查找故障过程中要做好记录，谨慎处理电路，防止出现短路而使故障扩大。

3）故障恢复后，接线螺钉要压实，整理好线路并放入线槽。

3. 实训内容

1）主轴功能故障诊断分析。

2）主轴功能故障维修。

4. 实训场地与器材

（1）实训场地　校内数控实训中心。

（2）实训器材　FANUC 0i/0i Mate TD 数控车床、设备电气原理图、万用表、螺钉旋具等。

5. 操作步骤及工作要点

1）根据故障现象，判断故障的可能原因。

2）查找分析系统 PMC 主轴手动和自动正反转控制程序是否正确。

3）使用万用表对照电气原理图，梳理查找主轴正反转控制、转速控制有关电路各接线端子的连接情况。

4）故障点定位，并进行故障复位。

6. 注意事项

能断电检查的内容尽量不通电检查，以最大限度地保证人身和设备安全。

7. 考核评价

基本要求：时间 30min，在规定时间内完成主轴功能故障诊断与维修任务。

序号	考核内容	实训结果		配分	得分
1	记录查找出来的故障	故障点	故障原因	60	
		1			
		2			
		3			
		4			
		5			
		6			
2	故障维修			40	
总分				100	

实训课题二十二 数控车床换刀故障诊断与维修

1. 实训目的

通过数控车换刀故障诊断与维修实训，学生应学会数控车正转选刀、反转锁紧换刀故障诊断的分析思路，掌握数控车换刀故障维修的基本方法和步骤。

2. 实训要求

1）能根据故障现象，独立思考产生故障的可能原因，并有自己的故障解决思路。

2）查找故障过程中要做好记录，谨慎处理电路，防止出现短路而使故障扩大。

3）故障恢复后，接线螺钉要压实，整理好线路并放入线槽。

3. 实训内容

1）数控车换刀故障诊断分析。

2）数控车换刀故障维修。

4. 实训场地与器材

（1）实训场地　校内数控实训中心。

（2）实训器材　FANUC 0i/0i Mate TD 数控车床、设备电气原理图、万用表、螺钉旋具等。

5. 操作步骤及工作要点

1）根据故障现象，判断产生故障的可能原因。

2）查找分析系统 PMC 手动和自动换刀控制程序是否正确。

3）使用万用表对照电气原理图，梳理查找数控车刀架正转选刀、反转锁紧换刀有关电路各接线端子的连接情况。

4）故障点定位，并进行故障复位。

6. 注意事项

能断电检查的内容尽量不通电检查，以最大限度地保证人身和设备安全。

7. 考核评价

基本要求：时间 30min，在规定时间内完成数控车床换刀故障诊断与维修任务。

序号	考核内容	实训结果		配分	得分
1	记录查找出来的故障	故障点	故障原因	60	
		1			
		2			
		3			
		4			
2	故障维修			40	
总分				100	

实训课题二十三　伺服进给故障诊断与维修

1. 实训目的

通过伺服进给故障诊断与维修实训，学生应学会伺服进给关于 FSSB 连接与设定、伺服放大器、伺服电动机等故障诊断的分析思路，掌握伺服进给故障维修的基本方法和步骤。

2. 实训要求

1）能根据故障现象，独立思考产生故障的可能原因，并有自己的故障解决思路。

2）查找故障过程中要做好记录，谨慎处理电路，防止出现短路而使故障扩大。

3）故障恢复后，接线螺钉要压实，整理好线路并放入线槽。

3. 实训内容

1）伺服进给故障诊断分析。

2）伺服进给故障维修。

4. 实训场地与器材

（1）实训场地　校内数控实训中心

（2）实训器材　FANUC 0i/0i Mate TD 数控车床、设备电气原理图、万用表、螺钉旋具等。

5. 操作步骤及工作要点

1）根据故障现象，并充分利用系统对伺服的报警，判断产生故障的可能原因。

2）根据报警信息和通过系统工作状态查看 FSSB 连接情况，判断其设定是否正确。

3）使用万用表对照系统连接图，梳理查找伺服放大器、伺服电动机及编码器有关电路各接线端子的连接情况及工作状态。

4）故障点定位，并进行故障复位。

6. 注意事项

能断电检查的内容尽量不通电检查，以最大限度地保证人身和设备安全。

7. 考核评价

基本要求：时间 30min，在规定时间内完成伺服进给故障诊断与维修任务。

序号	考核内容	实训结果		配分	得分
1	记录查找出来的故障	故障点	故障原因	60	
		1			
		2			
		3			
		4			
2	故障维修			40	
总分				100	

实训课题二十四 手轮功能故障诊断与维修

1. 实训目的

通过手轮功能故障诊断与维修实训，学生应学会手轮功能关于系统设定、PMC 梯形图控制程序、连接等方面故障诊断的分析思路，掌握手轮功能故障维修的基本方法和步骤。

2. 实训要求

1）能根据故障现象，独立思考产生故障的可能原因，并有自己的故障解决思路。

2）查找故障过程中要做好记录，谨慎处理电路，防止出现短路而使故障扩大。

3）故障恢复后，接线螺钉要压实，整理好线路并放入线槽。

3. 实训内容

1）手轮功能故障诊断分析。

2）手轮功能故障维修。

4. 实训场地与器材

（1）实训场地 校内数控实训中心。

（2）实训器材 FANUC 0i/0i Mate TD 数控车床、设备电气原理图、万用表、螺钉旋具等。

5. 操作步骤及工作要点

1）根据故障现象，判断产生故障的可能原因。

2）查找分析系统对手轮的相关设定、PMC 梯形图控制程序是否正确。

3）使用万用表对照电气原理图，梳理查找手轮连接各有关电路的连接情况。

4）故障点定位，并进行故障复位。

6. 注意事项

能断电检查的内容尽量不通电检查，以最大限度地保证人身和设备安全。

7. 考核评价

基本要求：时间 30min，在规定时间内完成手轮功能故障诊断与维修任务。

序号	考核内容	实训结果		配分	得分
1	记录查找出来的故障	故障点	故障原因	60	
		1			
		2			
		3			
		4			
2	故障维修			40	
总分				100	

所识别的最后一个放大器与后面的放大器之间的连接光缆不良所致；另外，伺服放大器内的电源异常，也可能会发生此报警。

经仔细检查，发现 FSSB 光缆连接线出现问题，更换损坏的光缆后故障消失。

例 56 （1）机床类型　数控车床。

（2）控制系统　FANUC 0i Mate TD 系统。

（3）故障现象　手轮进给功能没有，也没有出现报警。

（4）故障诊断　首先检查参数 8131#0 是否为"1"，如果正确，则根据电气原理图检查手轮至 I/O Link 接口 JA3 的连接是否正常；如果还没有问题，则进一步查看 PMC 梯形图程序中的 G18.0 和 G18.1 信号情况，发现找不到该信号，因为该信号的控制程序被删掉了，重新编辑程序并保存，手轮功能恢复正常。

例 57 （1）机床类型　数控加工中心。

（2）控制系统　FANUC 0i Mate MD 系统。

（3）故障现象　设置中的参数可写入不能置"1"。

（4）故障诊断　首先可以确定这属于 NC 系统故障，参数 3299#0 置"0"为写参数在设定画面上进行设定，3299#0 置"1"为写参数通过存储器保护信号 KEYP（G046.0）进行设定。查看该参数设定为"1"，导致无法在设定画面上设定写参数。

把参数 3299#0 置"0"后，即可解决该问题。

例 58 （1）机床类型　数控车床。

（2）控制系统　FANUC 0i Mate TD 系统。

（3）故障现象　手动和自动执行 X 轴的进给运动，显示器上显示坐标位置在正常变化，但 X 轴的机械部分没有运动，也没有报警。

（4）故障诊断　如果手动和自动运行时，显示器上显示坐标位置在正常变化，但 X 轴机械部分没有运动，可以查看机床是否锁住，如果机床没有锁住，则查看 X 轴进给机械传动链是否出现断开现象。

该故障原因是连接伺服电动机轴与滚珠丝杠的梅花节联轴器周向锁紧螺钉出现松动，使得伺服电动机轴的运动不能传递给进给丝杠螺母。拧紧该锁紧螺钉后，机床恢复正常。

例 59 （1）机床类型　数控车床。

（2）控制系统　FANUC 0i Mate TD 系统（模拟量主轴）。

（3）故障现象　开机后，先手动后自动运行主轴正反转功能都没有动作；但是，先自动运行主轴功能不动作，再手动运行主轴正反转功能时却都正常。

（4）故障诊断　根据故障现象，可以判断系统 JD40 接口出来的模拟电压进变频器应该正常，用万用表检查核实没有问题，说明转速信号正常。查看 PMC 控制梯形图程序，发现 M03、M04 译码程序出现问题，重新编辑调整，再运行时机床正常。

例 60 （1）机床类型　数控加工中心。

（2）控制系统　FANUC 0i MD 系统。

（3）故障现象　机床起动后，出现急停报警，而且所有功能都不正常。

（4）故障诊断　查看急停继电器相关电路，连接都正常，因为所有功能，包括工作方式及状态指示灯都没有信号，怀疑系统接口 JD51A 至 I/O Link 接口 JD1B 的连接有问题，但经过核查，连接正常；最后查看 PMC 运行状态，发现 PMC 处于停止状态。

让 PMC 运行后，机床一切功能正常。

6.3 思考题

1. CNC 能对哪些故障进行报警？
2. 机床外部报警应如何进行编辑？
3. 某伺服进给轴手动进给方向错了，自动进给正常，试分析可能的原因。

参 考 文 献

［1］ 李继中. 数控机床调试与维修［M］. 北京：高等教育出版社，2009.

［2］ 郑晓峰. 数控技术及应用［M］. 3版. 北京：机械工业出版社，2015.

［3］ 刘永久. 数控机床故障诊断与维修技术［M］. 2版. 北京：机械工业出版社，2011.

［4］ 刘朝华. 数控机床装调实训技术［M］. 北京：机械工业出版社，2017.